# 狗狗不是故意的

## 图解全阶段养狗宝典

日本自由社/著
高慧芳/译

世界图书出版公司
上海·西安·北京·广州

哦
哦
我跳！
我跳！
好厉害！
接下来是
走天桥。
是因为人
家血统好
吧。
喵～
……
我家的狗狗（洛基），经常对着家里的人拼命乱叫。
汪
汪！
汪！
怎么了？
好痛
吼～
我咬！
吼～
而且还会在家里面随意大小便。
可恶，你这臭狗！
真是爽啊～
嘘
哇——!!
实在是个问题儿童……
这家伙！
抓抓
♫
洛基刚刚
尿尿了。

为什么我们家的狗就这么不成材呢？
……
那种事只要我想做我也做得到啊。
其实这只狗狗在不久之前也是一只问题狗狗哦。
吼
吼
噗！
哎！跟洛基一样呢。
为什么可以变得这么厉害？
真的假的？！
只要了解狗狗的心情，它就会渐渐改变哟。
狗狗的心情？
点头

# 目 录

## 第1章 与狗狗相遇



## 第2章 与狗狗共同生活

## 第3章　狗狗的问题行为

## 第4章 狗狗的饮食与照顾



## 第5章 狗狗的健康与高龄生活

# 人物介绍

## 洛基

整天调皮捣蛋，让洋子和武志焦头烂额的混种柴犬，是个什么都想吃的大胃王，最喜欢住在隔壁的玛丽。

## 玛丽

吉田老人饲养的狗狗，是一只自尊心很强的纯种马尔济斯犬。虽然暧昧的态度让洛基烦恼不已，但就是无法真心喜欢上洛基。

## 犬饲洋子（28岁）

性格开朗、积极向前的妈妈，喜欢看电视和吃零食。虽然经常被洛基气得团团转，还是非常努力地想把洛基教好。

## 犬饲武志（30岁）

个性温和，但其实很粗枝大叶的爸爸，最近开始出现代谢症候群的征兆。经常被洛基的反抗态度气得跺脚。

## 犬饲亮（3岁）

精力充沛的长男，非常喜欢洛基，把它当作自己的好朋友。不久之后应该会成为家中最了解洛基的人。

## 吉田老人

非常了解狗狗教育方法的神秘邻居，虽然大家都说他是个顽固又乖僻的怪人，但事实上却是一个喜欢照顾他人的老人。对于邻居所饲养的狗狗无所不知。

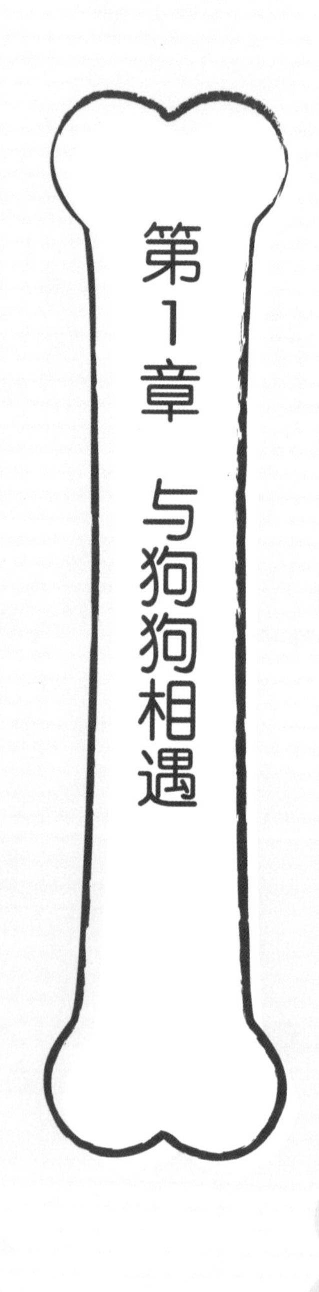

# 第1章 与狗狗相遇

狗狗在刚踏入我们家门的时候，

心情其实是非常紧张不安的，

因此我们应该一边给予它安心的感觉，

一边教导它如何与人类共同生活。

洛基6个月大时
来，从今天起这里就是你的家咯。
乱七八糟……
随便规划出来的养狗空间
哎？这里是哪里？
啊哈哈
我应该待在哪里才对啊？
转来转去
突然好想尿尿哦。
东张西望
喂！
那里不是厕所！
笨狗!!
尿在这边好了。
嘘~~
不能尿在这里……那我要尿在哪里呢？
这只狗是不是有点笨啊？
怎么这样~

之后洛基也仍旧无法成功地在正确的地方上厕所。
到底要尿在哪儿？
奇怪，我记得之前是放在这里啊……
啊！原来跑到那里去了！
可是我已经忍不住了！
啊！
笨狗！
要尿在这里啦真是的!!
嘘～
就这样不断重复地过了半年……
好想尿尿哦。
不管了，谁管那什么麻烦的尿布垫啊。
顺便拉个屎好了。
嘿嘿嘿……
噗
洛基开始踏上不良恶犬之路……
你这臭狗——
哼！

啊，是那个怪人吉田。
装作不认识好了……
我冲我冲
拼命冲
过来 过来
拉扯
啊~
扯个不停
好可爱哦
看样子这只狗狗常常让你们觉得很辛苦呢。
真不好意思……
不过这孩子看起来很聪明哟。
好乖 好乖
聪明？
嘘~~
可是它连乖乖上厕所都不会……
说我很聪明
那种事马上就能改善了。
你说的是真的吗？
拜托你教教我!!
嘘~~~~
求求你~~

几天之后
洛基！你已经会乖乖尿尿了！
太感谢吉田先生了！
嘿嘿嘿♪
厕所放在固定的地方。
洛基的厕所↓
随时保持清洁。
这样我就能安心尿尿了。
啊！要出去散步了吗?!
喂！
臭洛基！是你把我的鞋子咬成这样的吧！
惨了。
破破烂烂……

## 在决定和狗狗一起快乐地共同生活之前

虽然养狗本身是一件很开心的事，但同时也伴随着狗狗日常生活的照顾、生病时的护理，以及高龄生活的看护等种种必要的责任。

若在思考过这些问题之后，仍然觉得自己和家人可以与狗狗一同幸福地生活，那么就可以开始饲养狗狗咯。

## 养狗所需的花费

排除掉犬种的差异性以及购买犬只的费用，刚开始饲养狗狗所需要的狗粮费、医疗费及生活用品费等，需花费0.4万元左右，之后每年需要支出0.6万~1.5万元。还可能产生狗狗行为教室或宠物旅馆等额外支出，因此在养狗前，必须先仔细考虑自己的经济能力。

饲养狗狗一生所需的费用为20万～26万元。

## 犬种的选择

在决定要饲养什么样的狗狗之前，必须先考虑到自己的家族成员结构、家庭类型、目前的生活形态、想和狗狗过着怎么样的生活等种种因素之后，再选择适合自己的犬种（参考P.16）。

选择时不要过于局限在某些特定犬种，应多列入几种作为考虑对象，并事先了解它们的性格与特征之后，仔细考虑它们是否适合目前家中的生活形态，再加以决定。

## 与家人互相讨论！

**饲养狗狗就是养育一个“生命”，在冲动地购买狗狗之前，务必要与家人互相讨论之后，再决定是否要迎接它进入家庭。**

### 家庭的所有成员是否都赞成养狗？

为了让狗狗成为家中的一分子，所有的家庭成员都必须共同参与狗狗的教育，而前提当然是所有的家庭成员都赞成饲养狗狗。

### 能否做到狗狗的日常照顾工作？

除了基本的喂食、大小便清理和日常护理工作之外，狗狗还需要散步和运动。养狗之前必须先考虑自己是否能做到这些日常照顾工作。

### 是否有足够的空间让狗狗生活？

狗狗也需要一定大小的私人生活空间（参考P.23），因此，家里是否有足够的空间让狗狗生活也是必须考虑的因素之一。

## 狗狗的来源

**狗狗的获得渠道有很多种，可先确认它们的优缺点后再加以选择。**

### 在宠物店购买

在宠物店购买狗狗是最方便的渠道，最好选择环境整洁、考虑到狗狗的社会化教育而会让幼犬们彼此玩耍的宠物店。

### 熟人自家繁殖的幼犬

几乎所有狗狗都会从狗妈妈和同胎兄弟姐妹身上学到群体生活的技巧，因此饲养之前可先观察它们的性格再判断狗狗是否适合自己。

### 繁殖业者

对犬种的相关知识有深度了解，能够从他们身上获得许多有用的养狗信息。但有时可能需花费较多的时间才能找到适合自己的狗狗。

### 向动物保护团体认养

能够免费认养到体型大小和性格都已稳定的成犬。但有时狗狗本身会有一些问题，建议事先确认好狗狗之前的饲养状况。

# 选择适合自己的狗狗

每个人的生活形态与居住环境都大不相同，选择一只适合自己的狗狗，是与狗狗共同快乐生活的第一步。那么，什么样的狗狗适合你呢?

## 想要找一只全家都能疼爱的狗狗 ➡ 西施犬

是一种拥有社交性、协调性，且个性乖巧听话的狗狗，体型不大、容易照顾更是优点之一！从小朋友到高龄长辈，适合全家一同疼爱与照顾它。

玩具贵宾犬、蝴蝶犬、马尔济斯犬、腊肠犬等。

## 一个人生活且常常不在家 可是还是好想养一只狗狗陪我！ ➡ 巴哥犬

个性乖巧且拥有极佳耐性的巴哥犬，即使独自看家也怡然自得。而且这种狗狗的警戒心并不强、拥有高协调性，不会随意吠叫，很适合饲养在公寓或大厦中。

法国斗牛犬、西施犬、吉娃娃犬、马尔济斯犬等。

## 想跟狗狗一起玩耍！➡拉布拉多犬

喜欢亲近人、理解力强且容易训练的拉布拉多犬，很喜欢和饲主一起运动和享受户外生活，也很适合作为工作犬。

黄金猎犬、边境牧羊犬、柯基犬等。

## 最喜欢外形可爱的狗狗了！➡玩具贵宾犬

玩具贵宾犬非常可爱又喜欢撒娇，饲主还可以帮它们穿上可爱的衣服和修剪不同的造型，享受装扮的乐趣。另外，贵宾犬也是聪明、学习能力强的狗狗，饲主要小心不要宠坏它们哦。

马尔济斯犬、博美犬、蝴蝶犬、约克夏犬等。

## 想养只看门狗！➡柴犬

柴犬的警戒心很强，感觉敏锐，加上个性独立，对于陌生人不会轻易靠近，不过，一旦认定主人之后，就会对主人忠心耿耿。

其他种类的日本犬、米格鲁小猎犬、德国牧羊犬、杜宾犬等。

# 准备狗狗需要的用品

## 在饲养狗狗之前 先将所需要的用品准备齐全

一旦决定养狗之后，就要将狗狗所需要的基本生活用品事先准备好，以免狗狗踏入家门之后，才发现家里缺东缺西而慌慌张张地去买。

## 选择狗用品的重点

选择狗狗所需的用品时，请把握以下三个重点：

· 配合狗狗体型大小的用品

用品的体积大小不能让狗狗轻易吞食下去。

· 能保持清洁的用品

最好选择可以清洗、易于保持清洁的用品。

· 坚固耐用的用品

尽量选择耐咬、不容易坏掉的用品。

## 选择狗狗的玩具的注意事项

应选择不容易被咬坏或吞下去的安全玩具，以免狗狗发生误食危险。

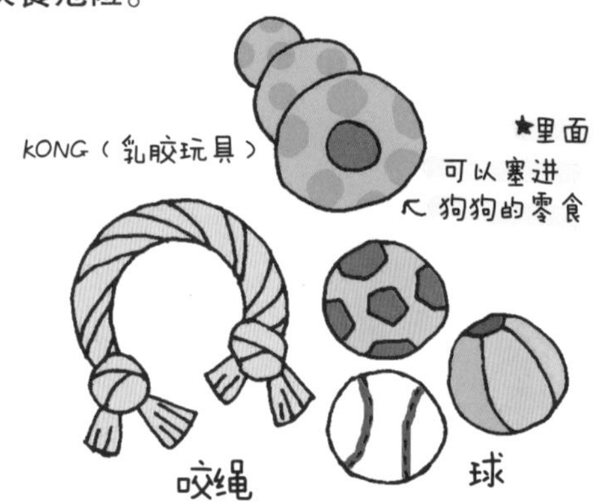

## 狗狗的基本生活用品

**购买时可请宠物店的店员帮忙选择适合狗狗体型的各项用品。**

### 狗碗
需准备两个狗碗，分别盛装狗粮和水，清洁好用的不锈钢碗或是固定性佳的陶碗都是不错的选择。

### 尿布垫
用来作为狗狗在室内的厕所。尿布垫的大小以狗狗蹲下来后周围还能多出一圈为宜。

### 项圈和牵绳
是带狗狗外出散步的必要用具，也是防止狗狗冲到马路上的救命绳索。可选择平织的尼龙绳等坚固耐用的材质。

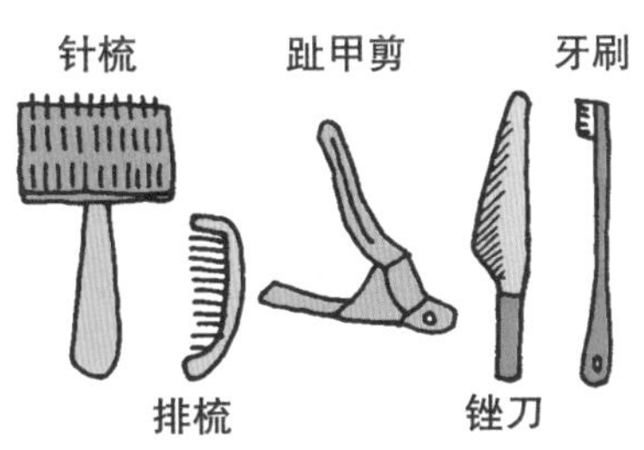


### 日常护理用品
是日常帮狗狗护理身体的必要用具。

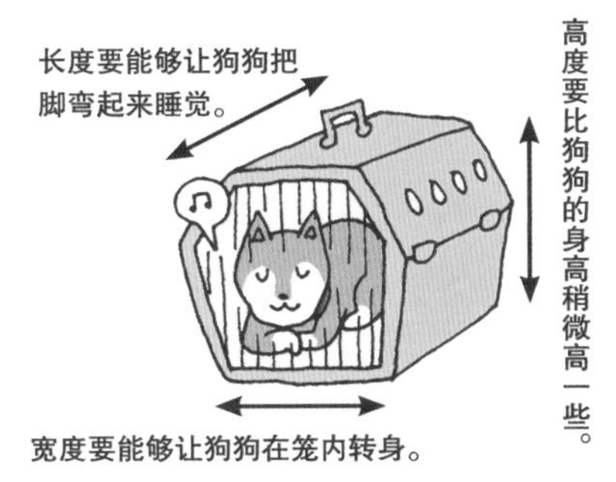


### 运输笼
用来搬运狗狗的笼子，很适合作为狗狗平日的寝室兼休息场所，需配合狗狗的体型选择适当的大小。

### 围栏
围栏可设置成狗狗平常的住处或是厕所的专用空间。最好选择可配合狗狗不同成长阶段而重设大小的拼装式围栏，高度以狗狗跳不出来为宜。

## 保护狗狗健康的必要工作

开始养狗之后，依照法律规定，一定要为狗狗办理宠物登记和注射狂犬病疫苗。

此外，也别忘了带狗狗去施打狂犬病以外的混合疫苗，才能防止狗狗感染到传染病。

## 宠物登记与狂犬病预防注射

出生后90天以上的狗狗，应在开始饲养后的30天内向各地区公所或保健所办理登记并领取宠物登记证明。此外，出生后91天以上的狗狗，依法应每年注射一次狂犬病疫苗，并在注射后领取狂犬病预防注射证明。饲主平时应将这些证明的颈牌挂在狗狗的项圈上。

（在中国需拿着《养犬信息登记表》和《家犬免疫证》到领表的派出所办理）

各地区的证明文件（或证明牌）的格式均有所不同。

## 混合疫苗的注射

除了狂犬病之外，狗狗还需要注射预防其他传染病的混合疫苗。通常在狗狗出生后第45～80天施打第一剂疫苗，并在一个月及两个月后分别施打第二剂和第三剂疫苗（施打时机与注射疫苗的次数会依照宠物医生的判断而有所不同）。

虽然法律上并没有规定要施打这些疫苗，但在完成第二剂或第三剂的疫苗注射后再开始带狗狗出去散步是基本礼貌哦。

在这之后，基本上狗狗只要每年再注射一次疫苗即可。

## 利用确实的行为教育建立和狗狗之间的关系

正确的行为教育或训练，才能让狗狗和人类融洽地共同生活。从狗狗踏入家门的那一天起，就开始给予狗狗正确的行为教育，不但可防止狗狗制造麻烦，彼此间也可以相处得更加融洽。

不过，教育狗狗并不是对着幼犬把所有想教的事情一股脑儿教给它就可以了，而是要配合狗狗的成长阶段和学习效率，一项一项仔细地教导它。

### 狗狗的教育日程表

先从让狗狗确实地学会定点上厕所、进食训练以及笼内训练开始。

| 年龄 | 教育内容 | |
| --- | --- | --- |
| 2～3个月大 | 养狗后马上开始 | 如厕训练（P.24）<br>进食训练（P.25）<br>笼内训练（P.24） |
| | 狗狗渐渐习惯之后 | 身体接触与社会化训练（P.26）<br>身体护理（P.160～169）<br>室内散步（P.28～29） |
| 4个月大 | 习惯交通工具（P.30～31）<br>习惯独自在家（P.30～31）<br>抱着外出散步（P.28～29） | |
| | 完成第二剂或第三剂疫苗注射后 | 开始带狗狗外出散步（P.28～29） |
| 6个月大 | 基本行为训练（P.76～83） | 坐下→等一下→趴下→过来→跟着走→咬着与放下 |

※ 若狗狗开始饲养时已经超过本表所列的适龄期，依旧可以依照本表的顺序进行。

# 狗狗第一次踏入家门时

## 准备好狗窝（住处）开始与狗狗共同生活

尽管有些狗狗的体型比较大，但还是建议尽可能将狗狗饲养在屋内，增加彼此相处的时间，以提高狗狗的沟通能力，也比较容易建立起人与狗之间的信赖关系。可利用运输笼之类的用品作为狗狗的住处，准备迎接狗狗的到来。

决定好狗狗的名字之后，为了让狗狗能够安心地生活，可以开始进行简单的如厕和进食训练。

### 帮狗狗取名字

· 取个简单上口容易记住的名字

帮狗狗取名字是人狗之间开始产生联系的重要步骤，最好选择简单上口、狗狗听了容易记住的名字。

· 让狗狗对它的名字产生好印象

当狗狗听到自己的名字而回头时，饲主可称赞它或喂它吃零食，让狗狗觉得听到自己的名字就会有好事发生而产生良好的印象。若是呼唤狗狗的名字之后却责骂它，狗狗就会有“名字＝不好的事”的印象，饲主务必要留意。

### 将危险的物品收好

由于幼犬看到什么东西都会想咬咬看，因此对于可能造成狗狗危险的物品，务必要放置在狗狗无法碰到的地方，或用其他容器收好。

## 准备狗狗的住处（类型A）

**在围栏中设置运输笼、厕所和用餐区。因为有划分出狗狗的地盘，狗狗可以安心地生活。**

### 注意事项

运输笼应尽可能地远离厕所，且记得经常更换尿布垫，保持清洁。

## 准备狗狗的住处（类型B）

**专门将围栏内的区域作为狗狗的厕所，因为有特别划分出的如厕空间，狗狗会比较快地学会定点上厕所。**

### 注意事项

即使是住起来很舒适的运输笼，若把狗狗一直关在里面也会对狗狗造成压力，请记得让狗狗经常出来走动。

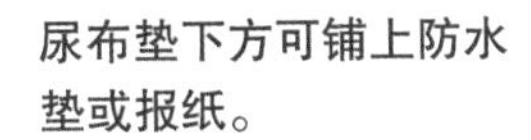

## 开始如厕训练

**当发现狗狗一边闻着地面一边绕圈圈、在房间内到处转来转去时，就是准备上厕所的征兆。尤其是在狗狗起床和吃完饭后，都是如厕训练的好时机。**

### ❶将狗狗带到厕所

发现狗狗想上厕所的征兆时，马上将狗狗带到厕所。

### ❷在狗狗排泄的时候发出声音

趁着狗狗正在排泄的时候，蹲在狗狗旁边发出“嘘～嘘～”之类的声音，让狗狗养成一听到这种声音就想要排泄的习惯。

### ❸正确如厕后要给予奖励

当狗狗在正确的地方上厕所时，要立刻夸奖它或给予零食奖励。

**若饲主在狗狗没有正确上厕所时责骂它，狗狗会对排泄这个行为本身产生不好的印象。饲主应安静地将狗狗带到其他房间，并将排泄物清理干净不留下气味。**

## 开始笼内训练

**运输笼不只是狗狗的寝室，也是平常可以让狗狗安稳休息的地方。利用笼内训练让狗狗不论何时只要听到指令就愿意进到笼内。**

### ❶利用食物将狗狗引诱到笼内

将食物扔进运输笼内，诱使狗狗主动进入笼内。

### ❷在狗狗离开运输笼之前不断给予食物

只要狗狗还待在笼子里，就持续地从笼子的出入口或旁边将食物放入笼内。

### ❸将运输笼的笼门关上

若狗狗还待在笼内，就将笼门关上，并持续给予食物。

**若狗狗已经习惯待在运输笼里，饲主可在狗狗进入笼内的时候发出“回去”的指令，训练狗狗听到指令就回到笼内。**

## 开始进食训练

**狗狗在幼犬期时，饲主应将狗狗一天所需要的食物量分成三次喂食，并最好向原先饲养狗狗的人询问清楚先前所吃的狗粮种类及分量。**

❶给予食物

若狗狗看到食物过于兴奋，就等到它冷静下来之后再给予食物。

❷静静等待

饲主在将食物拿给狗狗吃之前，让狗狗安静等待20分钟左右。

❸吃完立刻收拾干净

狗狗吃完饭后，饲主应立刻将碗收拾干净，即使狗狗不吃饭时也要将食物拿走。

**原则上应在饲主及其家人用餐完毕后再喂饭给狗狗，以展现饲主的领导地位。**

### 狗狗的睡窝

· 利用围栏或运输笼

当狗狗要睡觉时，饲主可将房间的灯光调暗，并让狗狗进到运输笼内睡觉。如果能将运输笼移动到家人的寝室里更好。若狗狗在晚上发出呜呜叫的声音，只要饲主在它们安静下来之前均不予以理会，几天以后狗狗就不会再在晚上发出叫声。若因此而去安抚狗狗，反而可能使吠叫行为变本加厉。

### 将狗狗养在屋外时

· 饲养在安静、旁人很少经过的地方

若饲养在人来人往的地方，狗狗会时刻保持警戒，导致精神上无法放松而产生压力。可以选择安静且较少人经过的地方放置围栏，并在围栏内放入运输笼作为狗狗的睡窝。

· 避免阳光直射的地方

狗狗是一种很怕热的动物，若将狗狗饲养在屋外的话，应避开日照强烈的地方，防止阳光直射到狗狗居住的地方。

# 与狗狗的身体接触

## 与狗狗互相接触能够建立彼此间的信赖关系

狗狗只有在面对它信任的对象时，才会自在地任其抚摸身体。从狗狗还是幼犬的时候就经常抚摸狗狗，可以让狗狗产生“让人抚摸身体＝很舒服的事”的感觉，也可以加深人狗之间的信赖关系。饲主除了自己之外，平常也可以让狗狗多与其他人接触，当它们习惯人类、养成稳定的性格之后，要对它们进行平日的身体护理或是带到动物医院就诊，都会变得比较顺利。

### 什么是狗狗的社会化？

所谓的社会化，是指包括抚摸狗狗的身体，让狗狗接触各式各样的人、动物、声音、物体，体验各种不同事物的一个过程。若狗狗的社会化不足，对于人类或其他狗狗会感到害怕，出现攻击或是其他的行为问题。

### 眼神接触非常重要

不只是身体上的抚触，饲主与狗狗间的眼神接触也非常重要。通过这个行为，可以培养出懂得看着饲主眼睛来推测饲主想法的聪明狗狗，对于狗狗的行为教育很有帮助。训练时，饲主可呼唤狗狗的名字，一旦发现彼此的眼神对上，马上称赞它或是给予零食奖励。

## 抚摸狗狗的方法

**突然伸手抚摸狗狗很可能会使狗狗吓一跳，一开始应先让狗狗嗅闻手背，如果狗狗不排斥的话，再开始抚摸狗狗。**

### 抚摸身体

**脖子→背部**
顺着狗狗毛发生长的方向，以指尖轻轻地抚摸。

**脖子→胸口**
温柔地抚摸脖子到胸口一带的部位。

**屁股→尾巴**
以画圈的方式温柔地抚摸肛门的周围，并轻轻地抓住尾巴摩挲。

**腹部**
从后方温柔地抱住狗狗的肚子，一点一点地抚摸。由于肚子是很敏感的部位，因此抚摸的同时必须观察狗狗的反应，不要让狗狗觉得不舒服。

**脚→脚掌**
从腿根开始一路抚摸到脚尖，等狗狗渐渐习惯之后，再轻柔地握住狗狗的脚掌，抚摸它的趾间、肉垫和趾甲。

### 抚摸脸部

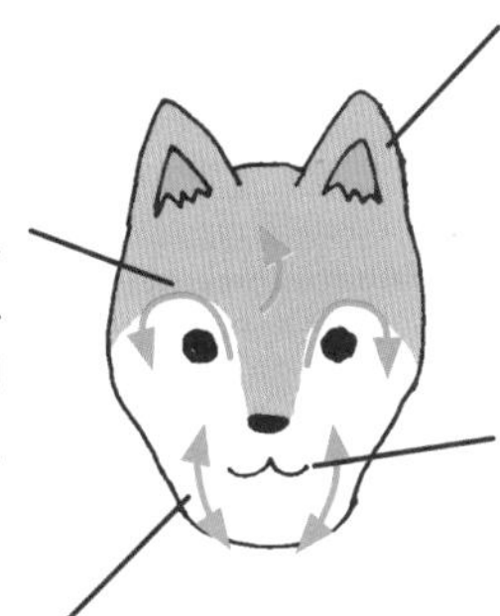

**整张脸→眼睛**
依眉间到额头，再到眼睛周围的顺序，轻柔地抚摸狗狗的脸部，等狗狗习惯之后，再抚摸上眼皮和下眼皮。

**耳朵**
先从耳朵周围开始抚摸，接着抚摸耳壳的外侧，等狗狗习惯之后，再温柔地抚摸耳壳的内侧。

**嘴唇**
从嘴唇（黑色的部位）开始抚摸，并渐渐地碰触嘴内的牙龈和牙齿等部位。

**鼻头→嘴巴周围**
从鼻子的周围渐渐摸向鼻头，并用手轻柔地握住狗狗的嘴巴周围。

※若是成犬，饲主最好经过专业的训练人员指导后，再去抚摸它。

**抚摸狗狗前，要先让自己的身影进入狗狗的视野中（狗狗的前方或旁边），再去摸它。若是从狗狗看不见的地方突然伸手碰触它，可能会吓到狗狗，让它感到害怕。**

# 带着狗狗出门散步去

## 借由习惯散步，强化狗狗的社会化教育

对幼犬而言，第一次出门散步是一件非常紧张的事，因此饲主应避免用强迫的方式带它出门，而是要慢慢地让它习惯外界的环境。

若是能提早让狗狗适应外面的环境，就能够加强狗狗的社会化，养育出一只不论在什么环境下都能充满自信、游刃有余的狗狗。

## 让狗狗习惯项圈和牵绳

突然帮狗狗戴上项圈和牵绳有可能会让狗狗不高兴，因此应事前在家中让狗狗先习惯它们。戴项圈时，项圈和脖子之间要保持能够伸进两根手指的空间，牵绳则须随时拉短，以免缠到其他东西发生意外。

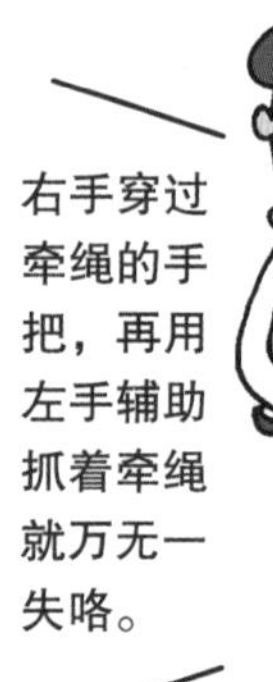

## 散步前的注意事项

· 上完厕所再出门散步

狗狗最好在家里上完厕所再出门，不要让狗狗尿在别人家的门口。

· 准备塑料袋和水瓶

出门时记得携带塑料袋和水瓶，才能将狗狗的便便或尿液清理干净。

· 戴上联络颈牌与注射宠物芯片

为了避免狗狗走丢，出门时应在狗狗的项圈上佩挂可以联络到饲主方式的颈牌，并注射宠物芯片。

## 初次散步前的准备工作

**即使还没有完成第二剂或第三剂的疫苗注射，也可以抱着狗狗或将它放在宠物提袋里外出散步，让狗狗尽早习惯外界环境。**

### ❶先在家中练习用牵绳牵着狗狗

狗狗在习惯项圈和牵绳之后，就可以在家中练习用牵绳牵着它散步。饲主可以发出“跟着走”的指令，如果狗狗跟在身边就夸奖它。

**让狗狗渐渐习惯车声或其他较大的声响。**

### ❷一开始先抱着出门

刚开始可先抱着狗狗或将它放在宠物提袋中，让狗狗习惯外界。等狗狗习惯之后，再找个行人较少的安静角落，将狗狗放到地上让它走走看。

### ❸逐渐拉长散步的距离

每次带狗出门散步时，要逐渐拉长散步的距离，并在散步的同时发出“跟着走”的指令，让狗狗跟在自己身边散步。若狗狗走得太快，饲主可轻拉牵绳提醒它。

**如果在散步时遇到其他狗狗，可在征询主人的同意之后，让自己的狗狗靠近它，以渐渐习惯在路上遇到其他人或狗狗的感觉。**

# 留狗狗看家与带它出门

## 让狗狗渐渐习惯独自在家和被带出门的感觉

若是突然让狗狗长时间独自待在家中，会对狗狗造成极大的压力，因此须事前让它渐渐习惯这种状态。

此外，若是第一次带狗狗坐车，而且是要带它去动物医院等它不喜欢去的地方，狗狗会有“车子＝讨厌的东西”的印象。因此一开始可先带狗狗去公园之类能够开心玩耍的地方，让它喜欢上乘车兜风的感觉，狗狗就会愿意乖乖地待在车内。

### 留狗狗独自在家时

· 安静地出门

若是饲主在出门前经常跟狗狗说“拜拜”或是“要乖乖看家哦”，反而会造成狗狗的不安，强化它独自被留在家里的孤独感，因此饲主出门时最好保持低调安静。

· 帮狗狗准备玩具

饲主出门前可事先准备好狗狗能长时间独自玩耍的玩具，例如里面可放零食的益智玩具，以减少狗狗的孤独感和不安感。

### 带狗狗乘车时

· 将狗狗放在运输笼内

放任狗狗在车内随意活动有可能会造成危险，带狗狗乘车时最好将它放在运输笼或宠物提袋内，以免发生意外事故。

· 不可将狗狗独自留在车内

狗狗是非常怕热的动物，若是将狗狗独自留在车窗紧闭的车内，很可能造成狗狗中暑，严重时甚至会致命；因此务必要有人陪在狗狗身边，且乘车时也应打开车窗或空调，保持车内环境的舒适度。

## 让狗狗习惯独自看家的感觉

**由于狗狗拥有群居的习性，因此很不习惯独处。为了降低狗狗的不安感，务必要让它逐渐习惯被独自留在家中的感觉。**

### ❶准备玩具

准备可以让狗狗长时间独自玩耍的玩具，和狗狗一同放入运输笼内。

### ❷走到别的房间

趁着狗狗将注意力集中在玩具上的时候，饲主先走到别的房间，待上一分钟后再回来。

### ❸将离开狗狗的时间延长

逐渐延长离开狗狗的时间，让狗狗逐渐习惯独处的感觉。

## 让狗狗习惯乘车

**很多狗狗都会害怕车子的震动感和引擎的声音，为了避免造成狗狗不好的印象，必须慢慢地让狗狗习惯这种感觉。**

### ❶习惯车辆

在车子未发动引擎的情况下，抱着狗狗上车。等狗狗习惯之后，再将狗狗放入运输笼内，放在后座或脚下。

### ❷发动引擎

狗狗在习惯车子之后，可试着发动车辆，此时饲主应陪在身边，让狗狗感到安心。

### ❸开始行驶

开始行驶车辆时，先行驶短距离后让狗狗下车玩耍，之后再逐渐拉长行驶的距离。

# 第2章　与狗狗共同生活

狗狗都会通过行为和肢体语言来表达自己的心情，

饲主若能确实了解这些表现，

就可以更加享受与狗狗共同生活的乐趣。

好了，小亮，要去洗澡了哦。
……
累死人了。
你回来啦。
啪嗒 啪嗒 啪嗒
啊！
洛基！你干什么！咬我啊！
我咬 我咬 我咬
哈啊～啊～
喂！！
你有没有在听啊！
怒
我有在听啊！
……
嗯嗯～
看样子非我出马不可了。

不可以再骂它了!!
咔啦
小狗会轻咬你只是在表达它想要你跟它玩的心情而已!
是这样吗?
嗯!
嗯!
好痛!
我咬
呜呜……
可是它是要跟我玩……
真是痛啊……
啊哈哈……
我咬
我咬
不可以让它养成坏习惯!
这只是一种信号而已.
咬得太夸张了
我咬
我咬
它只要一咬你,你就要无视它,也不可以跟它玩。
转头
原来是这样啊!
转头
我咬
我咬

对了，它打哈欠的时候也不可以骂它哦。
哈啊……
可是感觉它是在不起我……
狗狗打哈欠是一种想要缓解紧张的信号哟。
什么？
什么？
扑通扑通扑通扑通
狗狗一被骂就会很想打哈欠。
臭洛基!!
我不是说过不可以嘛!!
怦嗵怦嗵
哈啊~~
啊嗯……
你这家伙!
……原来如此啊。
对不起哦，洛基。
狗狗还会表现出很多种不同形式的信号哟。
真的假的？
我也想听。
像这样躺下把肚子露出来就是服从的信号。
好乖哦~
好乖好乖~
完全没见过！

如果是骑到人身上的话……
好了好了，洛基，要被你扑倒了啦……啊哈哈……
这个它常做！
就是这样！
就是这样！
那就是它觉得自己比你们高一等。
国王
哼！
部下
……
看懂狗狗的信号，好好地教育狗狗是非常重要的哦。
是，我们知道了！
后来……
喂！！
你又偷偷吸烟了！
证据被我抓到了哦!!
我不会再犯了……
你看，服从的信号哦……
翻倒
哇啊~
……

# 狗狗的五种性格

## 仔细观察狗狗，掌握它们的性格与心情

虽然每一只狗狗性格都不一样，不过大致上可分为五种类型。

面对不同性格的狗狗，饲主若是愿意多花点心思以相应的态度与它们相处，并仔细观察狗狗表达心情的信号，就能够和它们建立更加亲密的互动关系。

## 如何判断狗狗的性格

· 散步的时候

观察狗狗在散步时如果遇到其他的人或狗，会出现什么样的反应，是兴奋、胆怯，还是会吠叫？

· 没有人陪伴的时候

狗狗在独处时会自己乖乖待着还是会到处恶作剧，从这一点可以看出狗狗的性格。

· 玩耍的时候

狗狗在玩耍时会保持节制地玩耍还是会兴奋过头，也是一个判断性格的指标。

## 发挥狗狗长处的教育

每一种性格其实都有其长处和短处，只是饲主很容易只注意到狗狗出现问题行为时所伴随的短处，例如容易兴奋过头这种缺点，换一个角度看，长处就是精力旺盛、个性积极。因此饲主在教育狗狗时，可多花一些心思找出狗狗的长处并加以发挥。

## 狗狗的性格可分为五种类型

**自家的狗狗属于哪一种性格呢？饲主可根据下面描述来判断哦。**

### ❶害羞内向的狗狗（P.40）

在家中是只非常乖巧的狗狗，但由于对陌生人或其他狗狗心里怀有恐惧，因此反而可能会出现吠叫或攻击行为。

### ❷任性的狗狗（P.42）

随着自己的心意行动的狗狗，优点是独立性很强，但若是不能顺从自己的心意时，可能会出现吠叫或攻击等反抗性的行为。

### ❸活泼开朗的狗狗（P.44）

非常喜欢和人或其他狗狗玩耍，但有时候会因开心过头、无法克制自己的兴奋而出现扑人等行为问题。

### ❹调皮捣蛋的狗狗（P.46）

拥有很强的好奇心，充满挑战精神，因此比较不容易保持安静，常常会做出调皮捣蛋的行为。

### ❺爱撒娇的狗狗（P.48）

很会撒娇，博取饲主的欢心，但若是饲主没有把注意力完全放在它的身上时，就有可能因嫉妒而出现行为问题。

# 性格❶ 害羞内向的狗狗

## 不擅长面对陌生人和狗，须让它慢慢习惯外界

有的狗狗平常在家里非常乖巧，但只要遇到陌生人或其他狗狗，就会出现恐惧、吠叫等激烈的反应。这种狗狗由于社会化教育不足，对于陌生的人类或是声音，都会出现超出必要的恐惧反应，性格上属于害羞内向的狗狗。

面对这种狗狗，最好让它在安心放松的状态下，一点一点地习惯外面的世界。

## 检查狗狗害羞内向的程度

□ 不喜欢到外面去，常常因为害怕某样东西而吓得站着不动。

□ 有陌生人靠近时会想要躲起来，或是会低吼、出现攻击性的态度。

□ 看到其他狗狗会想要躲起来，或是站在原地一动不动。

□ 家里如果有陌生人，会变得不想吃饭。

※ 如果符合两项以上，就属于害羞内向的狗狗。

# 如何对待害羞内向的狗狗

**让狗狗尽量多体验各式各样的新事物，培养其稳定冷静的性格。切忌使用强迫的态度对待它，必须一点一点地让狗狗习惯害怕的事物。**

## 利用奖励让狗狗爱上散步

在带狗狗散步之前、散步途中，还有散步回来时等各个时机点，给予零食奖励，让狗狗变得喜欢上出门散步的整个过程。

## 习惯陌生人

请认识的人帮忙，①在他们来家里的时候，喂给狗狗吃它最喜欢的零食，②狗狗习惯之后，再请他们直接拿零食给狗狗吃，并重复这两个步骤来进行训练。

## 习惯其他狗狗

请养狗（狗狗的性格要稳定）的朋友帮忙，①先在远处抱着他的狗狗，让自己的狗狗看见，②把狗狗放下来，③慢慢地靠近。按照这个顺序让狗狗习惯其他狗狗的存在，也可以请对方的狗狗坐着，降低自家狗狗的恐惧感。

**训练之初只让狗狗看着电视里面的狗狗也可以。**

※阿忠为动画片《龙龙与忠狗》中的法兰德斯高牧犬。

2 与狗狗共同生活

## 性格❷ 任性的狗狗

### 面对狗狗随心所欲的行为要展现饲主的主导地位

不爱听从饲主的指令，随心所欲地行动，不顺从它的心意就采取反抗性的态度，如果饲主一直放任狗狗这样下去，彼此之间的上下关系可能会逆转过来。

但若是饲主拥有明确的主导地位，狗狗就会展现强烈的忠诚度，加上这种性格的狗狗的独立性很强，如果人狗之间能建立起良好的信赖关系，就会变成一只非常可靠的好狗狗。

### 检查狗狗任性的程度

□ 散步时一直拉扯牵绳，只往自己想去的方向前进，如果不能如愿，就会故意坐着不动。

□ 对于自己、自己的玩具、自己的住处拥有很强烈的护卫意识，只要别人一碰或是想拿走玩具时就会发出吼叫。

□ 只要一放开牵绳就会冲出去，叫也叫不回来。

□ 责骂它时会发出吼叫或张口咬人，展现反抗性的态度。

※如果符合两项以上，就属于任性的狗狗。

# 如何对待任性的狗狗

**饲主若能展现领导力，并与狗狗建立良好的信赖关系，狗狗就会变得可靠而不任性。**

## 展现自信的态度

如果饲主常常用讨好的态度对待狗狗，可能会让狗狗得意忘形，因此饲主应该随时用冷静且自信的态度与狗狗相处。

## 彻底无视狗狗的要求

当狗狗为了要求某样东西而吠叫的时候，饲主要彻底地无视它，才能展现出主导权是属于饲主的信息。若狗狗的行为是正确的、良好的，则要好好地夸奖它。

## 确实执行基本行为教育

确实执行狗狗的“等一下”“趴下”等基本行为教育并经常练习，对狗狗展现饲主的领导地位。

## 常常跟狗狗运动与玩耍

在饲主拥有主导权的情况下，经常跟狗狗运动或玩耍，能够引导狗狗的本能往好的一面发展，狗狗在获得满足感后也会对饲主更加顺从。

**若狗狗经常出现攻击行为，则必须寻求专业的狗狗训练师来协助。**

# 性格③ 活泼开朗的狗狗

## 整天就只想着玩耍的狗狗很容易兴奋过度

这种性格的狗狗，即使在面对陌生人或陌生狗狗时，态度也非常友善，个性积极、活力充沛，随时都想找人陪它一起玩。

由于这种个性使然，狗狗有时会因为太过开心或兴奋而出现扑人等行为问题。

## 检查狗狗活泼开朗的程度

□ 遇到陌生人会飞扑上去撒娇。

□ 只要一投入游戏中，就会非常兴奋而不听饲主的话，有时候还会张嘴咬饲主的手。

□ 遇到其他的狗狗时，会很开心地主动靠近对方，并且想跟它玩耍。

□ 如果遇到不想跟它玩的对象，会一直缠着对方，或是用恶作剧来吸引对方的注意力。

※如果符合两项以上，就属于活泼开朗的狗狗。

## 如何对待活泼开朗的狗狗

**正因为这种狗狗很喜欢亲近人，不喜欢人家不理它，所以如果出现问题行为时，利用这一点来训练狗狗会非常有效。**

### 防止狗狗养成喜欢扑人的习惯

如果发现狗狗想要扑人时，要马上叫它“坐下”，并且直到狗狗坐下之前都不理它，等狗狗冷静下来之后马上给予零食奖励及夸奖它。

### 兴奋时要让狗狗冷静下来

发现狗狗太过兴奋时，要利用“坐下”或“趴下”的指令让狗狗冷静下来。如果狗狗出现啃咬饲主手掌的行为，务必要采取无视的态度。若是在室内，饲主也可将狗狗留在房间内并转身离开。

### 确实地夸奖狗狗

由于这种狗狗被饲主夸奖时会非常开心，若能在行为教育或训练过程中活用这项特性，狗狗会进步得很快，不过要注意的是，过度夸奖可能会使得狗狗太过兴奋。

## 性格④ 调皮捣蛋的狗狗

### 爱玩、拥有旺盛的好奇心，须注意调皮捣蛋和累积压力的问题

这种类型的狗狗拥有很强烈的好奇心，对什么事物都充满兴趣，非常喜欢挑战新的事物。不喜欢静静地待在家里，个性上比较躁动不安，如果没有渠道让它发泄好奇心和旺盛的精力，狗狗就有可能经常调皮捣蛋，或是累积过多的压力。

这种狗狗若是经常有人陪它玩耍，就能够发泄旺盛的精力，不过饲主同时也要记得让狗狗学会如何沉稳地生活。

### 检查狗狗调皮捣蛋的程度

☐ 散步途中只要看到自行车或车辆，就会立刻出现想要追过去的反应。

☐ 在家中会经常焦躁不安地走来走去。

☐ 只要一没有人在身边，就会马上恶作剧。

☐ 要准备散步时，门一打开就会马上飞奔出去。

※ 如果符合两项以上，就属于调皮捣蛋的狗狗。

# 如何对待调皮捣蛋的狗狗

**由于狗狗不知道害怕的个性，很可能会让自己发生危险，因此饲主要让狗狗经常运动，消耗它过于旺盛的精力。**

### 经常和狗狗玩游戏，消耗它过剩的精力

通过你丢我捡之类运动量大的游戏，可纾解狗狗的压力，还可加深狗狗和饲主之间的沟通互动。

**如果狗狗太过兴奋，则要让它冷静下来之后再开始跟它玩。**

### 利用“等一下”指令让狗狗冷静下来

让狗狗确实学会“等一下”这一项指令（P.79），在狗狗露出一副马上就要冲出家门的样子之前，务必让狗狗先等一下，防止狗狗飞奔出去。

### 在屋内时让狗狗进入运输笼内

实行笼内训练（P.24），只要在室内时，就尽量让狗狗待在运输笼里，让狗狗知道屋内并非玩游戏和调皮捣蛋的地方，而是安静地消磨时光的休息场所。

## 性格5 爱撒娇的狗狗

### 当嫉妒心过于强烈时可能会引发行为问题

这种狗狗很喜欢黏着饲主或某个特定的家人撒娇，希望自己是家人关注的焦点，并随时都想要获得全心全意的关爱。它们在喜欢的人们面前虽然很乖巧，但若是没有获得足够的注意力，有时会因为嫉妒而产生问题行为。

面对这种狗狗，饲主不能太宠它，而且要增加让它独处的时间以及和其他人接触的机会。

### 检查狗狗爱撒娇的程度

□ 把狗狗抱在身上的时候，如果有其他人靠近，狗狗会想要咬他。

□ 在狗狗游戏区内，即使放开牵绳也只想待在饲主身边。

□ 散步时不愿意自己走，而是要求饲主抱它。

□ 在家里也一直跟在特定的人身后，不愿意离开他。

※如果符合两项以上，就属于爱撒娇的狗狗。

# 如何对待爱撒娇的狗狗

**如果饲主因为狗狗很可爱而一直宠它，狗狗会变得很黏人并过于依赖饲主。饲主平常在和狗狗相处时，应该学会如何和它保持适当的距离。**

## 即使再疼爱狗狗也要掌握主导权

对于狗狗不能有求必应，必须由饲主来决定宠爱它的时机。而过多的关爱表现有可能增加狗狗的依赖性或让它太过兴奋，这一点也要避免。

## 不要回应狗狗的嫉妒表现

如果将狗狗抱在身上时，狗狗会对其他人出现攻击性的态度，就马上将狗狗放下，让狗狗知道不接受他人的话也不会得到饲主的关爱，但若狗狗愿意接受就要马上给予褒奖。

如果狗狗被抱着时会对其他人生气……

就安静地将狗狗放下。

## 培养独立性

即使家里有人在，也要渐渐增加狗狗独自待在运输笼内的时间，让它习惯独处的感觉，培养独立性。

转来转去
妈妈，你看洛基一直在追自己的尾巴呢！
好好笑哦!!
真的耶！看起来真好玩～
转来转去
洛基果然是一只呆狗。
录下来传给爸爸看.
我才不是呆狗！
转来转去
10分钟后
还在转耶……这样没问题吗？
是不是脑袋坏掉了？
转来转去
洛基!!
去问一下吉田爷爷好了。
转来转去

这个是……
不停转来转去
斜瞄
咦？
一定是这样!!
你们很久没带它出去散步了吧！
扑通！
您、您是怎么知道的？
因为小亮最近有点发烧嘛～
根本就超级明显的好吗？
转个不停
这行为一看就知道是累积了过多的压力。
啊～～烦死人了，感觉好烦躁哦！
不停转来转去
原来洛基的脑袋没有坏掉啊。
是想出去散步哦……
还在转来转去……

看样子你们还是不太了解狗狗的心情啊。
好乖 好乖
……
狗狗的各种行为背后都是有理由的。
对不对啊？
没错！没错！
如果看到狗狗很执着地重复某个动作……
舔来舔去
舔来舔去
到处走来走去
烦躁 烦躁 烦躁 烦躁 烦躁
通常是因为累积了很多压力。
知道了吗？
对不起～
洛基，对不起哦。
哗啦
对了，如果真的没办法出去散步的话……

可以多抚摸狗狗的身体……
这边~这边~
嘻嘻哈哈……
或是跟它玩拉扯游戏。
拉扯
哇哦~
不过如果是很容易兴奋的狗狗就不太适合。
这样应该就可以减少狗狗的压力了。
有效耶！
之后……
我跳！我跳！
……
洛基它到底在干吗？
我跳！我跳！
可是最近都有带它出去散步啊……
又是因为压力吗？
嘿咻！嘿咻！
玛丽
我用力跳
我跳
……

## 不要让狗狗开心过头 控制狗狗的兴奋程度

能看到狗狗开心的样子，对每一位饲主来说是再高兴不过的事，若是能仔细观察什么样的事情会让狗狗特别开心，而让狗狗经常感到快乐的话，彼此之间的信赖关系也会更加强烈。

但是，若是狗狗开心过头、太过兴奋的话，就有可能伴随着扑人、兴奋得漏尿等问题行为发生。

因此，将狗狗开心的感觉控制在适当程度，避免让狗狗过于兴奋，也是饲主平常和狗狗相处的重要课题。

### 开心的信号<行为>

#### 扑人

狗狗有时候会开心地扑向饲主，若饲主允许狗狗做出这样的行为，狗狗之后只要看到人都会想要扑上去。所以饲主在狗狗出现这种行为时应该采取无视的态度，狗狗就会知道“这样无法吸引饲主的注意力”。

**若扑人的行为变本加厉，有可能让狗狗夺去彼此之间的主导权。**

#### 兴奋得漏尿

有些狗狗在饲主回家时，会因过于兴奋而出现漏尿的行为。这种情形若是经常出现的话，饲主可以尝试在回家时以若无其事的态度进门，不要理睬狗狗。

## 开心的信号<肢体语言>

### 摇尾巴

狗狗开心的时候尾巴会从根部开始摆动，越是兴奋，尾巴翘越高，同时摆动的幅度也会更大。但狗狗感到警戒时也会有类似的动作，因此还要从狗狗的表情来加以判断。

### 耳朵的动作

当狗狗感到很兴奋时，耳朵会高高竖起。若是想撒娇的时候，耳朵则会向后贴平。

### 嘴角上扬

狗狗有时也会做出微笑般的表情，它们的嘴巴会呈现松弛状态，嘴角微微上扬，看起来就像是真的笑容一样。

## 开心的信号<叫声>

### “汪！”的一声

狗狗开心的时候，会发出“汪！”的一声叫声，若是持续数次，则表示狗狗非常兴奋。

信号❷ 信赖与服从

## 自发性的信赖信号表示人犬之间有良好的关系

当狗狗很信赖饲主时，就会自发性地展现出信赖、服从的信号。饲主若是发现自家的狗狗出现这种信号，就表示目前彼此之间的关系还不错，可以安心地和狗狗相处。

不过，若狗狗一做出服从姿势时，饲主就给予奖励，有些狗狗会因此学会假装服从的样子。遇到这种情况时，就不要再夸奖它，改为进行趴下等基本行为教育。

### 信赖与服从的信号<行为>

**舔饲主的嘴巴**

狗狗在幼犬时期，想要向母犬要求食物时，就会去舔母犬的嘴巴，这是一种信赖与服从对方的表现，同时其中也包含有安抚对方的意味。

**单脚抬起**

当饲主要狗狗“等一下”时，狗狗若是将前脚的单脚抬起，就表示狗狗在克制自己的本能，选择听从饲主的指示。

## 信赖与服从的信号<肢体语言>

仰躺露出肚子

狗狗露出肚子时，表示它没有任何攻击的意念，并且信赖与服从对方。但若是头转向一边，尾巴夹在两腿之间，则属于畏惧性的服从表现。

趴下

自己主动趴下身体时，也是向对方表示服从的一种表现。若是将身体缩成小小的一团，则是更为强烈的服从表现。

横向移动身体

当狗狗对着人类横向移动身体，或是沿着曲线靠近对方时，也是一种表达自己没有敌意的肢体语言。

转移视线

将视线移开也表示自己并没有敌意。

## 信号③ 邀请与要求

### 饲主不需要对狗狗的每个要求都有求必应

**狗狗有任何需求时，会对饲主做出各式各样的动作（信号）。虽然通过这些要求的信号能够确实了解狗狗在想些什么，但是否要响应狗狗的要求，则由饲主决定。若是每次都有求必应，那么主导权会变成由狗狗掌握，造成彼此之间的上下关系逆转。**

**饲主应该明确地展现自己的主导权，并在适当的时机满足狗狗的需求即可。**

### 邀请与要求的信号<行为>

#### 将屁股抬高、尾巴摇来摇去

当狗狗将前脚向前伸、身体伏低、屁股抬高、尾巴大力摇动时，就表示它想要找人陪它玩，此时狗狗的眼睛也会兴奋地睁大。

#### 两只前脚搭在饲主的身上

当狗狗站起来将两只前脚搭在饲主的身上时，就表示它想要对饲主要求某样东西，有时候也会用单脚搭住。

## 邀请与要求的信号<肢体语言>

### 以平稳的视线一直盯着对方

当狗狗以平稳的视线一直盯着饲主时，就表示它想要获得饲主的注意力。有时则会用更具体的动作，譬如咬着玩具到饲主面前，希望饲主能陪它玩耍。

### 用鼻头顶饲主

狗狗用鼻头去顶饲主也是一种希望饲主理睬它的表现。

## 邀请与要求的信号<叫声>

### 呜——呜——的高亢叫声

当狗狗发出呜——呜——的叫声时，通常是在撒娇或是希望对方陪它的信号，有时也会发出短暂的吠叫声。

信号❹ 自信与优越

## 自信与优越感的信号是饲主须特别注意的危险信号

尽管狗狗的性格各有不同，但基本上，它们在群体中会尽量寻求比较高的地位，这是狗狗的本能之一，而与人类一起生活的狗狗在这一点上也是一样。

当饲主看到狗狗对家人展现自信与优越感的信号时，就要特别注意了。这表示家中人狗之间的上下关系可能已经出现逆转现象。此时饲主应努力向狗狗展现自己的主导权，并建立起彼此间的信赖关系。

### 自信与优越感的信号<行为>

#### 妨碍人类的行动

狗狗为了展现自己的地位，会故意挡在家人前进的路线上，有时还会啃咬对方。若饲主发现这种情况，务必要取回自己的主导权。

#### 骑乘行为

狗狗搭在饲主的脚上并摆动腰部，这种骑乘行为除了发情外，有时是为了展现自己的优势地位。结扎手术能起到一定程度上的抑制作用。

## 自信与优越感的信号<肢体语言>

### 将肢体放在人类的上方

狗狗坐在人的身边时，刻意将自己的前脚等身体的一部分放在人的上方，是为了主张自己的优势地位。

### 尾巴高高举

尾巴高高举起是狗狗充满自信的一种表现。

### 耳朵竖起

当狗狗把耳朵垂直竖起时，是为了表现自己的自信或威吓对方。

### 视线相对

当狗狗睁大双眼，眼神和对方笔直相对时，是为了向对方展现自己的优势地位，有时甚至会采取攻击行为。但若是用柔和的眼神看着对方，则是亲切的表现。

## 自信与优越感的信号<叫声>

### 警告、命令的低吼声

当狗狗对着饲主发出警告、命令的低吼声时，就表示它在展现自己的优势地位。

# 信号⑤ 警戒与愤怒

## 警戒过度对狗狗并非好事
## 要让狗狗处在放松的环境

警戒是狗狗的本能，适度的警戒心对狗狗而言是很重要的防御机制。

但狗狗若是处在必须随时保持高度警戒的环境里，可能会累积过多压力而出现攻击性的行为。饲主若是发现自己的狗狗时常表现出警戒或愤怒的信号，就必须将它换到能够放松心情的舒适环境里。

而有些社会化不足的狗狗，也会经常保持着高度警戒，必须对狗狗重新进行加强社会化的行为教育。

### 警戒与愤怒的信号<行为>

#### 嗅闻味道

狗狗嗅闻某人的味道，是一种对对方抱持警戒并加以调查的表现。不管对方是要靠近打招呼或是原地站着不动，一旦随便地想要伸手抚摸狗狗时，狗狗很可能会张口咬人。

#### 绕着别人转来转去

当狗狗冷静地绕着陌生人的脚下转来转去时，就表示它对对方感到警戒，甚至可能会出现攻击行为，此时最好将狗狗带到运输笼内。

## 警戒与愤怒的信号＜肢体语言＞

### 眉间或鼻头皱起来

若狗狗做出眉间或鼻头皱起来的严厉表情，表示它目前正处于愤怒状态。

### 毛发竖起

当狗狗感到愤怒、想要攻击对方时，全身的毛发就会竖起来。

### 摇尾巴

尾巴向上小幅度地摇动，表示狗狗正处于警戒状态。若是缓慢地左右摇动，则是狗狗正在寻找攻击的时机。

### 龇牙咧嘴

嘴唇向两边咧开，露出牙齿。

## 警戒与愤怒的信号＜叫声＞

### 连续吠叫

狗狗大声连续吠叫时，表示它正处于警戒状态。

### 低吼

狗狗发出嘶哑低沉的吼声时，表示它正在生气。

# 信号❻ 压力

## 一旦发现狗狗出现压力信号，必须尽快加以纾解

对狗狗而言，压力是造成心理和身体健康失调的原因之一。感受到压力的狗狗，会出现一直做出同样动作的强迫性行为，或是做出各式各样的破坏行为，还可能导致身体的健康状况异常。

造成狗狗压力的原因，最常见的是运动不足以及长时间地被单独留在家里。当饲主发现狗狗出现压力信号时，务必要尽早找出压力的成因并加以纾解。

### 压力的信号<行为>

**追自己的尾巴**

不停追着自己的尾巴转来转去。

**不断地舔身体的某个部位**

狗狗如果一直不断舔着身体的某个部位，就表示它目前正处于压力状态。

## 压力的信号<肢体语言>

### 在房间内不停地走来走去

狗狗在房间内的同一个位置，漫无目的地不停走来走去，表示狗狗感受到焦虑不安所带来的压力。

### 用前脚抓脸

狗狗做出用前脚抓脸的动作时，表示它觉得不满或感受到压力。

**若是用后脚抓脸则是满足或开心的表现。**

### 到处破坏

狗狗因为感受到压力，而在无人的家中大肆破坏家里的物品，或是把纸张撕成碎片散落一地。

# 信号❼ 不安与紧张

## 安定信号是狗狗感到不安与紧张的信号

**狗狗在被饲主责骂而感到不安和紧张时，为了缓解自己的不安并安抚对方，会做出各式各样的动作，这些动作被称为安定信号。而其他狗狗在面对做出安定信号的狗狗时，也不会出现攻击等挑衅行为。**

**当饲主发现狗狗出现安定信号时，应停下命令或警告狗狗的口吻或动作，让狗狗先从不安或紧张的情绪中解放，将心情放松下来。**

### 不安与紧张的信号＜行为＞

#### 打哈欠

除了想睡觉的时候，狗狗在想要安抚对方的怒气或是缓解自己的紧张时也会打哈欠。

#### 背对着人坐下

狗狗将身体转向后方，以背对的方向坐下，也是一种想要安抚对方并化解紧张情绪的动作。

## 不安与紧张的信号<肢体语言>

舔鼻头

狗狗紧张时，会伸舌头舔自己的鼻头，让自己冷静下来。

尾巴下垂

尾巴向下低垂、将身体姿势放低的样子也是狗狗感到紧张不安时的表现。

耳朵往斜后方平躺

狗狗紧张时耳朵会往斜后方平躺，若是非常紧张时，耳朵会变得完全贴平。

背部缩成一团

狗狗因为不知道该如何是好而感到不安和困惑时，会出现低头、背部缩成一团的坐姿。

## 信号❽ 恐惧

### 狗狗的恐惧感需要长时间慢慢化解

车辆、声音、水、陌生人等，都是可以让狗狗产生恐惧感的对象。狗狗有时也可能因为无法克制自己强烈的恐惧感而出现攻击行为。

虽然帮助狗狗克服恐惧感是一项很重要的工作，但切忌使用强迫的手段，否则很可能会让狗狗感到更加害怕。饲主应耐心地以循序渐进的方式，慢慢让狗狗习惯外界的环境和陌生人，才能真正克服恐惧感。

### 恐惧的信号<行为>

**一边吠叫一边向后退**

这种行为表示狗狗在感到害怕的同时，也在寻找反击的机会。吠叫声会随着害怕的程度而变得越来越高亢。

**躲进狭窄的地方**

狗狗感到害怕时会躲进狭窄的地方或房间的角落。

## 恐惧的信号<肢体语言>

身体伏低、全身发抖

狗狗将身体的姿势压低、缩成一团，全身发抖。

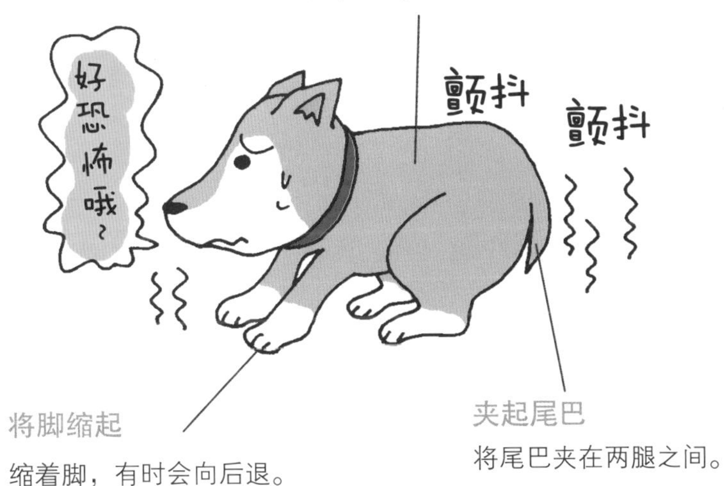


将脚缩起

缩着脚，有时会向后退。

夹起尾巴

将尾巴夹在两腿之间。

耳朵贴平

耳朵向两侧或后方完全贴平。

眼皮下垂

眼皮下垂，呈现眼睛半开的状态。

嘴巴半开

嘴巴半开、松弛无力的样子。

# 无法出去散步的时候

**尽管遇到雨天的时候无法带狗狗出门散步，但若就这样不让狗狗运动，狗狗可能会渐渐累积压力。饲主可与狗狗进行在室内也能玩的游戏，或是多摸摸狗狗，能够有效地消除压力哦。**

**抚摸狗狗**

饲主若能多花一些时间，耐心且仔细地抚摸狗狗，就能使狗狗的心情放松和平静下来。

**拉扯游戏**

利用短绳和狗狗玩拉扯游戏。若每次都让狗狗胜利，狗狗可能会觉得自己的地位比较高，因此中间有几次必须由饲主获得胜利。若狗狗太过兴奋的话，就要先停止游戏，暂时让狗狗冷静下来。

## 投球游戏

在房间内将可以弹跳的球轻轻扔出，再让狗狗把球捡回来。

## 寻宝游戏

把狗狗喜欢的玩具或零食藏起来，再让狗狗去把它找出来。一开始先放在狗狗看得到的地方，之后再渐渐增加寻宝的难度。

## 捉迷藏

让狗狗在原地等待，然后躲起来呼唤狗狗的名字，如果狗狗立刻就找到饲主的话要给它奖励。

洛基！坐下！喂！
快——点——
坐——下！
坐下！
……
给我乖乖坐下！
你这臭狗！
吼～～
干什么！很痛耶！
压～
连坐下都不会吗？
果然是只笨狗啊。
实在是哦～
哼！
送你一坨屎！
可恶！你这臭狗！
光速逃

你这样不行啊。
鄙视
吉田先生
挥舞
好好学学。
坐下！
简洁
趴下！
利落
哦哦！玛丽好厉害哦!!
只要教法正确，洛基也可以做到哟。
……
这家伙行吗？
这只是小意思啦。

坐下。
你看，是你最爱吃的零食哦。
嗯？
这边这边。
坐下
快给我快给我~
哦哦，坐下了耶。
好棒哦！
好乖好乖。
我得意地吃~
这样做就可以了哦。
原来如此！
真好吃~
咔咔
零食

当天晚上
坐下！
坐好
太神了！
洛基好厉害哦！
怎么回事……
怎么！肚子怪怪的……
接下来是"趴下"。
这个动作哦！
你看你看~~你最爱的零食哟~
趴下！
……
倒下
奇怪？
是趴下、趴下！
你那是躺啦！
……
我看是它吃太多了吧……
你下午喂了多少啊……
我不行了……

# 开始帮狗狗上课咯

## 在任何状况下都能响应饲主指示的行为教育

教导狗狗听从“坐下”“等一下”“趴下”等指示，并非为了要狗狗学会什么才艺，而是行为教育中最基本的指令。

通过行为教育，让狗狗学会无论在什么状况下都能听从饲主的指示，能让彼此之间的关系更加融洽。

## 奖励式教育

想要成功教育狗狗，适时的奖励是非常重要的。基本方法就是与狗狗视线接触，让狗狗看到饲主的笑容，并高声夸奖它。在练习的过程中轻声夸奖，结束时则用稍微夸张的方式大力称赞。不过，夸奖狗狗时记得不要让它太过兴奋。

## 惩罚式教育

口头斥责的使用时机，是在狗狗正要做坏事之前或是正在做的时候，用来制止它的方式。这个时候要用低沉而短促的音调发出制止的口令。若是大声责骂或是气急败坏地骂个不停，狗狗可能会误认为你要跟它玩耍，或是变得很害怕。至于体罚，由于会让狗狗不信任人类或心生反抗，千万不可使用。

狗狗恶作剧的时候，无视它其实比骂它更能有效阻止，若是在训练过程中，或是正在玩游戏时，可立即停下动作。

## 让训练成功的要点

**毫无章法的训练并不能让狗狗快速学会指令，一起来掌握如何引导出狗狗学习干劲的重点吧！**

### 口头指令要统一

教狗狗坐下时，若有的人用“sit！”，有的人用“坐下！”这样不同的指令，会让狗狗感到无所适从。全家人应统一使用简短易懂的指令来进行训练。

### 奖励时一次给一点即可

当狗狗正确做到指令时，记得要给予奖励，每次奖励的分量约一颗狗粮。

### 在狗狗注意力集中的时候训练

狗狗在肚子饿的时候最能集中精神，此时训练效果较佳，若在饭后或睡前则不容易集中注意力。

### 不要让狗狗感到厌烦

狗狗的注意力大约可维持15分钟，因此要在狗狗感到厌烦之前停止训练。每天进行几次2～3分钟的训练可达到不错的效果。

## 课程❶ 坐下

### 为彼此之间的信赖关系打下基础的第一步

狗狗第一个要学会的基本动作就是“坐下”。

狗狗学会“坐下”之后，比较容易让它将注意力集中在饲主身上，也能够借此控制它的兴奋程度，可以说是饲主与狗狗之间能否建立信赖关系的重要基础。

### 如何训练狗狗“坐下”

**奖励时记得不要把零食拿太高，否则狗狗可能会站起来或往上跳。**

**❶让狗狗看着零食**

将奖励用的零食靠近狗狗鼻子或放在它的眼前，吸引狗狗的注意力。

**❷诱导狗狗坐下**

将零食从狗狗鼻头往它的头顶方向移动，当狗狗被零食诱导而顺势坐下时，发出“坐下”的指令。

**❸给狗狗零食作为奖励**

当狗狗完成“坐下”的动作后，给它零食作为奖励。

**❹重复练习**

重复练习❶～❸的步骤，等习惯之后，就可练习只用指令让狗狗坐下。

**若狗狗无法顺利完成“坐下”的动作，切记不可强迫将狗狗的屁股向下压，应顺着狗狗屁股的曲线抚摸狗狗，辅助它完成坐下的动作。**

## “等一下”能够提高狗狗的注意力，防止意外发生

**狗狗学会“等一下”之后，饲主可借由这个指令提高狗狗的注意力，还可培养狗狗对饲主的忠诚度。而且这个指令不只对制止狗狗扑人有效，也能够防止狗狗横冲直撞冲到马路上发生意外，有时还能充当一条看不见的救命绳，保护狗狗的安全。**

### 如何训练狗狗“等一下”

**饲主必须在狗狗忍不住快要移动之前就立刻给予奖励，并且在练习过程中持续吸引狗狗的注意力。**

❶先让狗狗坐下

饲主牵着牵绳站在狗狗对面，之后让狗狗坐下。

❷发出“等一下”的指令

在发出“等一下”指令的同时，将手掌向前伸出，若狗狗有想要移动的样子，就再发出一次指令。

❸给狗狗零食作为奖励

若狗狗能等待数秒，就给它零食作为奖励，并逐渐延长狗狗等待的时间。

❹拉长与狗狗之间的距离

接下来一步一步拉长与狗狗之间的距离，直到牵绳的长度为止，同时重复❷～❸的步骤。给狗狗奖励时由饲主主动靠近狗狗。若发现狗狗想要移动，可轻拉一下牵绳提醒狗狗再“等一下”。

❺变换训练的细节

可试着改由他人牵着牵绳，更进一步拉远和狗狗之间的距离，躲起来发出“等一下”的指令等，利用不同的训练方式让狗狗在各种状况下都能够完成这项指令。

## “趴下”指令可强化饲主的主导权

属于服从姿势之一的“趴下”，训练难度比“坐下”要稍高一些，但狗狗学会之后会增加对饲主的服从性，让饲主更容易掌握主导权。

### 如何训练狗狗“趴下”

**由于一开始不太容易让狗狗做出“趴下”的姿势，饲主必须多花费一些心思，慢慢引导狗狗完成这项指令。**

#### ❶让狗狗看着零食

饲主先面对狗狗并让它坐下，接着将零食放在狗狗眼前吸引狗狗的注意力。

#### ❷让狗狗趴下

将零食从狗狗鼻头往它的脚下方向移动，此时发出“趴下”的指令。当狗狗确实做出趴下的姿势时，给予狗狗奖励。

#### ❸重复练习

重复练习❶～❷的步骤，等狗狗习惯之后，就可练习只用指令让狗狗趴下。

**若狗狗一直无法顺利做出趴下的姿势，饲主可弯起单脚的膝盖形成山洞的样子，用零食诱导狗狗从膝盖下方钻过去而做出趴下的姿势。**

## “过来”是训练狗狗一听到呼唤声就回到饲主身边的重要行为教育

不论在什么情况下，只要一听到饲主呼唤就能马上回到饲主身边，对爱犬而言是非常重要的基本技能。学会“过来”指令的狗狗，即使在散步途中发生牵绳脱落的意外，也能够马上将它叫回身边，防止危险发生。

### 如何训练狗狗“过来”

**为了让狗狗觉得“回到饲主的身边＝好事发生”，即使狗狗恶作剧后把它叫回身边时，也绝对不可以责骂它。**

❶先让狗狗“等一下”

饲主发出“等一下”的指令，并与狗狗隔着牵绳长度的距离。让狗狗看到手上的零食，一边说“过来”一边向后退，引诱狗狗靠近。等狗狗过来之后叫狗狗坐下，接着给它零食奖励。

❷将相隔的距离拉长

请他人牵着牵绳或是加长牵绳的长度，拉长与狗狗之间的距离，并重复先前的训练。饲主也可以躲起来之后再呼唤狗狗。

❸重复练习

重复练习步骤❷，等狗狗习惯之后，练习只用指令让狗狗“过来”。

**同时教导狗狗“等一下”和“过来”会让狗狗感到混乱，应先让狗狗学会“等一下”，之后再开始训练“过来”指令。**

## 课程❺ 跟着走

### 借由与饲主产生一体感 培养乖顺的狗狗

**“跟着走”是一种让狗狗在散步时配合饲主步伐的训练，狗狗若能在散步时以稳定的步调跟着饲主，整个散步的过程会更有乐趣。**

### 如何训练狗狗“跟着走”

**训练成功的关键，就在于狗狗能集中多少注意力在饲主的动向上。在狗狗养成扯着牵绳向前冲的习惯之前，尽早开始训练吧。**

#### ❶让狗狗坐在自己的左边

将牵绳卷在腰上，右手拿着奖励用的零食。接着让狗狗坐在自己的左侧，用左手一次拿一颗零食，吸引狗狗的注意力。

#### ❷前进一步

前进一步后马上停止，狗狗若有配合饲主一起停下来的话，就给予零食奖励。等狗狗越做越顺利之后，饲主可以在跨出步伐的同时发出“跟着走”的口令。

#### ❸拉长步行的距离

若狗狗能够完成每次前进一步的训练，接下来就可增加前进的步数，进展顺利后还可开始变化步行的方向（如Z字形）。之后重复训练直到狗狗只听指令就可完成动作为止。

**让狗狗左边靠着墙壁或围墙，这样自然就会站在人的左边了。**

# 课程❻ 咬着与放下

## 应用范围广泛的技能，也可用来和狗狗玩游戏

若狗狗能学会“咬着与放下”，那么当它吃到不该吃的东西时，就可以让它把东西吐出来。此外还可应用在扔球游戏上，可加深狗狗与饲主之间的沟通，对于纾解狗狗的压力也很有效果。

## 如何训练狗狗“咬着”与“放下”

**“放下”这个训练的重点在于，善加利用奖励零食来交换狗狗嘴里叼的物品。**

### ❶先训练“咬着”

拿狗狗喜欢的玩具让它咬着，并同时发出“咬着”的指令。若狗狗无法顺利咬住，饲主可左右移动玩具，引起狗狗的兴趣。若狗狗马上就想把玩具放下来，饲主可用单手手指扶着项圈，将狗狗的下颌抬高。

### ❷训练“放下”

当饲主将狗狗咬着的东西往斜上方拿起时，狗狗自然会张开嘴巴并把东西放下，此时饲主要发出“放下”的口令，并在狗狗将东西放下时，马上给予零食奖励。

### ❸重复练习

重复练习❶～❷的步骤，直到狗狗只听指令就可完成动作为止。

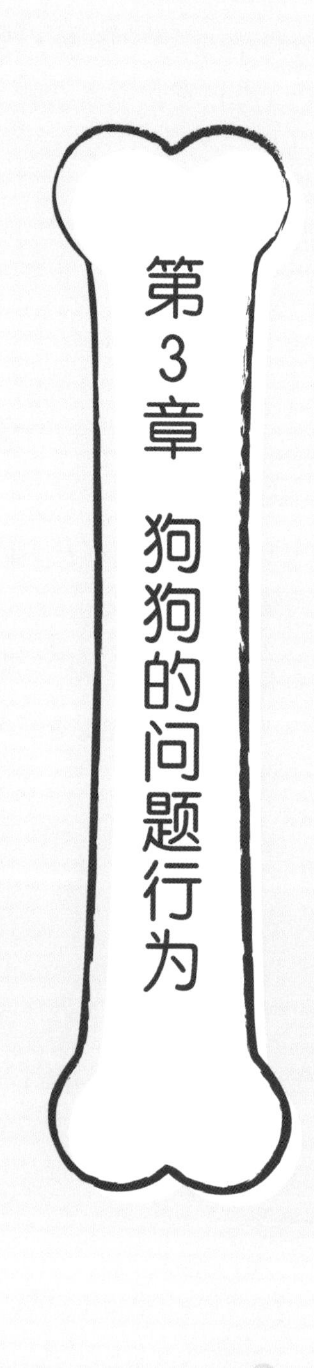

# 第3章　狗狗的问题行为

**狗狗会出现行为问题，并非它的头脑或性格不好。饲主应改变自己对待狗狗的方式，并以奖励式的教育来教导狗狗正确的行为。**

肚子饿瘪了啦~
洛基
汪!
汪!
汪!
汪!
吵死人了~
快点放饭啦!
汪!
汪!
汪!
汪!
汪!
汪!
汪!
这个!
这个!
洛基
啊，已经要吃晚饭啦。
抱歉
抱歉
对不起哦多亏你提醒我。
洛基
真是……
真是没用!

饭撒出来了。
不准靠近我的饭！
怎、怎么了？
我只是要清理一下而已啊。
吼~吼~
吃得真饱。
休息一下~
你坐过去一点啦。
喂！
这里是我的地盘！
吼~吼~
这家伙……
走开！
大胆！
好痛！
我~咬！

臭洛基！你在干吗？！
很痛耶！
臭狗！
汪汪汪汪！！！！
通通给我住手！！
咔啦
你们的上下关系不对！
呼
吉田先生？！
如果响应狗狗要求性的吠叫……
好~好~
汪！汪！汪！
还有放任它低吼跟咬人……
吼~~吼~~
咬！
狗狗会觉得自己才是领导者。
国王
给我饭
睡觉
跟我玩
!!

那、那要怎么办……
无视狗狗要求性的吠叫。
……
等狗狗安静下来再去理它。
快一点！快一点！
给我饭！
汪！汪！
汪！汪！
最好不要在固定的时间喂饭。
固定时间喂饭的话，狗狗会开始发出要求性的吠叫。
洛基
不要把自己喜欢的地方让给狗狗。
真拿你没办法。
狗狗很可爱没错……
但该管的还是要管，否则大家就无法一起生活了。
知道了吗？
是！
立正！

# 如何解决狗狗的行为问题

## 了解行为发生的原因才能解决狗狗的行为问题

不管是持续地吠叫，或是喜欢扑人，这些饲主不喜欢的问题行为背后，对狗狗而言都有其发生的原因。

当狗狗出现问题行为时，饲主切忌不分青红皂白地责骂狗狗，而是应该仔细观察，找出这些行为发生的原因，并改变对待狗狗的方式。只要能给予狗狗正确的行为教育，大部分行为问题都能获得解决。

### 严禁体罚

不管狗狗做出什么让人困扰的行为，饲主都绝不可以对狗狗施加体罚。

狗狗遭受体罚会对它的心理造成创伤，并变得再也不相信人类。

### 寻求专业人员的协助

狗狗出现行为问题时，寻求专业人员的协助也是一种解决的方法。尤其是狗狗出现吼叫、咬人等攻击性的行为时，寻求专业人员协助会比自己强行解决问题来得有效。此外，由于疾病也可能是造成狗狗行为问题的原因之一，饲主若觉得狗狗的健康状况出现异常时，应尽快带狗狗至动物医院就医。

## 解决狗狗行为问题的原则

**针对狗狗的行为问题，有几个相通的解决原则。饲主在确实掌握行为发生的原因之后，可试着依照这些原则来解决问题。**

### 无视

对狗狗而言，最让它们感到难过的就是饲主不理它们。因此，饲主可试着将其作为解决问题的第一步。

### 建立自己的主导地位

狗狗一旦觉得自己的地位比饲主高，就会变得任性并做出各式各样的问题行为。因此，饲主必须注意随时掌握彼此之间的主导权。

### 经常运动

狗狗大部分的行为问题，都是因为运动量不足而累积的压力所造成的，因此可以利用散步等运动方式来纾解它们的压力。

### 安心舒适的生活环境

如果把狗狗拴在大门前，狗狗会因为过度警戒而累积过多压力。由于环境造成的压力也是狗狗发生行为问题的原因之一，饲主应该提供狗狗一个安心舒适的生活环境。

问题行为❶ 吠叫

## 教导狗狗安静下来就会有好事发生

对无法说话的狗狗来说，它们能向饲主传达自己心情的方法不多，而吠叫就是其中的一种。

饲主若想制止狗狗的吠叫，首先要做的就是了解狗狗吠叫的原因。而在排除原因的同时，也要让狗狗知道吠叫并不能达到它的目的，反而安静下来才会有好事发生。

### 责骂只会得到反效果

饲主在听到狗狗不停吠叫的时候，常常会不假思索地对着狗狗怒吼“安静！”“吵死了！”但对狗狗来说，饲主的责骂声就像是在跟它一起狂吠一样，于是狗狗更加变本加厉地叫个不停，完全无法达到制止吠叫的效果。

### 狗狗的狼嚎

狗狗会对着远方发出嚎叫声，其实是一种心里感到孤独的表现。野生的狗狗在远离群体时，会利用狼嚎呼唤同伴，而这种习性也残留在家犬身上。

若狗狗晚上在庭院中对着远方狼嚎，可将它移到室内并让它进到运输笼内睡觉，应该可以改善这个问题。

## 狗狗吠叫的原因

**会让狗狗发出吠叫的原因很多，但大致上可分为以下四种，饲主可仔细观察，找出狗狗吠叫的真正原因。**

### 要求

狗狗为了要求饲主喂饭或带它出去散步而发出的吠叫，若饲主有求必应，会让狗狗觉得“饲主是听从自己要求才动作的劣势地位者”。

### 警戒、威吓

为了守卫自己的地盘或感到恐惧而发出警戒性的吠叫。狗狗对访客或其他狗狗的吠叫，大多都可以归类在这个原因。

### 兴奋、运动不足

饲主回家时或是玩游戏途中的吠叫声，属于兴奋性的吠叫，在狗狗冷静下来之前应采取无视的态度。若是因运动不足累积过多压力的吠叫，则需要让狗狗增加运动量。

### 寂寞、痛苦

单独看家时发出的狼嚎或高音调的吠叫，是因为狗狗感到孤独寂寞，必须让狗狗接受习惯单独在家的训练（P.30）。而痛苦或是恐惧时则可能发出高音调像“嘎啊”一样的尖叫。

## 如何解决狗狗为了要求食物或散步的吠叫问题

**每当喂饭或散步的时间狗狗就吠叫，或是对着正在用餐中的家人吠叫，都属于典型的要求性吠叫。若饲主响应它的要求，可能会使狗狗变本加厉。**

### 无视狗狗

狗狗开始要求性的吠叫时，饲主要装作没有听到的样子，直到狗狗安静下来再响应它的要求。

### 改变喂饭或散步的时间

若每天都在固定的时间喂饭或外出散步，狗狗会记住这个时间，容易为了催促饲主而发出要求性的吠叫。如果可以的话，最好每天都改变一下喂饭或散步的时间。

## 如何解决狗狗对特定声音的吠叫问题

**狗狗听到门铃或电话声就开始吠叫，是因为它对这些声音产生警戒或感到害怕，或是对随着声音响起而发生的事情有所警戒。**

### 让狗狗习惯声音

将这些声音录下来，先从低音量开始，多次放给狗狗听，若狗狗不叫就给予零食奖励。

### 让狗狗进入运输笼内

当这些声音响起时，就指示狗狗进到运输笼内（P.24），狗狗一进去就给予零食奖励。重复多次之后，狗狗一听到这些声音就会自动进入运输笼内。

## 如何解决狗狗对访客的吠叫问题

**狗狗会对访客吠叫，是因为它想守护自己的地盘，或是对陌生人感到警戒。因此要让狗狗习惯访客，让它觉得“有访客=好事发生”。**

### ❶让狗狗进到运输笼内

让狗狗进到运输笼内，直到它冷静并安静下来之前都不理它。

### ❷离开房间

若狗狗进到运输笼后依然无法安静下来，饲主就和客人一起离开房间，等到狗狗安静后再回来，并重复这个过程。

### ❸给予零食奖励

狗狗安静下来之后，就喂给狗狗零食，让它知道有访客来时若自己保持安静就会有好事发生。狗狗习惯之后，可改由访客喂零食给它吃。接着把狗狗从运输笼放出来，让访客和狗狗互动，例如让狗狗“坐下”。

## 问题行为❷ 咬人与低吼

### 在狗狗攻击性变高之前确实进行行为教育

咬是狗狗的本能之一，有时候狗狗看到会动的物体会条件反射性地咬下去，这并非为了攻击，只是有时候也会因此咬伤人。但若是伴随着低吼，则几乎都是为了威吓对方而具有攻击性质。

不论是哪一种，都属于人类社会中不允许出现的危险行为，饲主务必要找出问题发生的原因，确实地制止狗狗做出这些行为。

### 让幼犬们彼此玩耍

狗狗在幼犬时期会互相啃咬嬉戏，它们会借此学习到同伴之间的基本相处原则——不能乱咬对方，并因此学会调整啃咬的力道。

为了防止狗狗养成咬人的习惯，务必要让狗狗从小就和同伴互相嬉戏，使狗狗的社会化教育更为充分。

### 寻求专业人员协助

当狗狗对人和其他狗狗出现常态性的攻击行为，并可能造成伤害时，饲主应立即寻求专业的狗狗训练师来协助改善问题。遇到具有危险性的行为问题时，饲主最好避免自行解决，因为有时候反而会使事态更为恶化，甚至造成严重的伤害。

## 狗狗咬人与低吼的原因

**先从狗狗的表情和状况来判断狗狗目前是否具有攻击性。**

### 警戒、威吓

警戒、威吓的情况与吠叫问题相似，但属于更具有攻击性的危险状态，务必要让狗狗习惯其他人或其他狗狗的存在。

### 恐惧、不安

狗狗感到恐惧不安时，为了保护自己可能会出现攻击行为。例如饲主对狗狗体罚或是严厉斥责时所出现的咬人行为。

### 上下关系颠倒

狗狗觉得自己拥有家中的领导地位时，有时会借由咬人来表达自己的意见。另外，狗狗不想把自己喜欢的玩具交出来时的低吼，也属于这种情况。

### 兴奋、本能

有些狗狗在玩得太高兴而兴奋过度时，会去追赶活动的东西并忍不住咬下去，这属于本能性的啃咬。

## 如何解决要狗狗让位时的咬人与低吼问题

**饲主要求狗狗从它喜欢的位置上（如沙发）下来时所出现的咬人行为，是因为狗狗认为自己拥有主导地位，此时饲主应采取坚决的态度来解决问题。**

### 让狗狗离开那个位置

饲主在指示狗狗将位置让出来时，必须用坚决的态度下指令（一开始可利用零食诱导它）。

### 执行基本行为训练

重复对狗狗进行坐下、趴下等基本行为训练，让狗狗重新学习听从饲主的指令。

## 如何解决游戏时的咬人与低吼问题

**狗狗在玩游戏时出现的咬人与低吼问题，是因为过度兴奋所引起，因此饲主要做的就是控制狗狗的兴奋程度。**

### 狗狗太兴奋时让它冷静下来

当狗狗一出现低吼等过度兴奋的现象时，马上停止游戏并要求狗狗坐下，降低狗狗的兴奋程度，等狗狗冷静下来之后再开始游戏。

### 停止游戏

若狗狗一直无法冷静下来，就停止游戏并离开现场。

# 如何解决碰触狗狗时出现的咬人与低吼问题

**狗狗在有人想碰触它时，例如帮狗狗护理身体，所出现的咬人、低吼行为，其造成原因可能有很多种，必须视情况加以处理。**

## 执行基本行为训练

狗狗若认为自己拥有主导地位，就会对想要碰触它身体的人采取攻击性的态度。这个时候饲主应重新对狗狗执行“坐下”等基本行为训练，改善人狗之间的上下关系。

## 不要忽略疾病或受伤的可能性

若狗狗突然不喜欢饲主碰触它身体的某个部位，或是走路姿势等身体状况看起来和平常不太一样时，有可能是因为生病或受伤了，饲主此时应尽速带狗狗就医检查。

## 循序渐进地降低狗狗的恐惧感

有些狗狗不喜欢饲主帮它护理身体而想要咬人，是因为它们对那些工具感到害怕。这种情况下饲主应避免突然帮狗狗护理身体，而是先利用零食奖励来让狗狗习惯这些护理用的工具，使狗狗慢慢觉得“护理身体＝好事发生”。

3 狗狗的问题行为

问题行为❸ 扑人

## 在狗狗养成扑人的习惯前就制止它

狗狗会扑向饲主（或其他人），通常是想要饲主陪它玩或是表达喜悦的一种表现，但若是因此允许狗狗做出扑人行为，狗狗之后就会养成习惯，并渐渐认为自己拥有主导地位。此外，运动不足有时也是扑人问题的原因之一。

无论如何，狗狗出现扑人行为时，饲主应采取无视的态度，尽早改善这个问题。

## 扑人可能造成受伤

虽然狗狗小时候扑人的样子很可爱，但等它长大以后，很可能连成年人都能扑倒而造成他人受伤。即使是小型犬，扑向儿童也很危险。因此，在它们养成扑人的习惯前，务必要尽早解决这个问题。

## 在室内也套上牵绳

为了防止狗狗扑人，可在屋内帮狗狗套上较短的牵绳，发现狗狗想扑人时，立即紧拉牵绳制止它。

## 如何解决狗狗的扑人问题

**狗狗扑人的基本处理原则，就是无视它。若在它扑过来的时候去理它、责骂它，或是用手去推开它，都可能使狗狗扑人的问题恶化。**

### 转过身去无视狗狗

狗狗扑上来的时候，马上将身体向后转不去理它，等狗狗冷静下来之后，再指示狗狗坐下或趴下，并在完成动作后给予奖励。

## 如何解决狗狗在散步途中扑向他人的问题

**狗狗在散步途中会扑向路过的人，原因可能是狗狗看到别人就很开心，或是它对陌生人感到警戒而想要威吓他。**

### ❶和狗狗视线接触

散步途中有别人靠近时，饲主马上拿零食给狗狗看，让彼此眼神接触。

### ❷保持稳定时给予奖励

眼神接触后，继续散步或让狗狗坐下，狗狗如果能保持稳定就给予零食奖励。

### ❸重复练习

重复❶～❷的步骤，让狗狗记住这种感觉。

## 彻底实施随行训练<br>让散步更加轻松舒适

狗狗在散步时会拉扯牵绳，主要的原因有三个：①狗狗拥有主导权，所以不理会饲主，②狗狗处于兴奋状态，③狗狗觉得拉扯牵绳会有好事发生。

要解决这个问题，必须确实让狗狗学会“跟着走”，同时针对各个可能发生的原因加以解决。

此外，散步时可能出现乱捡地上的东西吃或定住不动等问题，也需要采取适当的对策来加以解决。

### 防止狗狗拉扯牵绳

若狗狗暂时无法改善拉扯牵绳的问题，可先为它配戴套住鼻头的训练牵绳或扣住胸口的防暴冲胸背带，这种牵绳具有一定的防暴冲效果。

头套牵绳（gentle leader）

防暴冲胸背带（easy walker）

### 紧箍项圈的效果

紧箍项圈又称为P字链或8字项圈，对于防止狗狗拉扯牵绳非常有效，但它会勒紧狗狗的脖子，因此即使是专业人员在使用上也并不容易，并不建议新手饲主使用。通常只要轻轻拉扯这种项圈，就能让狗狗知道不能乱冲，效果很明显。

紧箍项圈

## 如何解决狗狗任意走动的问题

**狗狗会任意地变换行走方向，通常是因为狗狗觉得自己握有主导权。因此，饲主务必不可让狗狗随意往拉扯牵绳的方向前进。**

### 往狗狗行进的反方向前进

狗狗一旦拉扯牵绳，就马上往拉扯的反方向前进，由饲主来决定散步的目的地。

### 狗狗拉扯牵绳时马上停下

狗狗一拉扯牵绳就马上原地停下，直到牵绳放松后再往前走，让狗狗知道在牵绳没放松之前，它就无法向前走。

### 狗狗坐下之后再往前走

饲主先让狗狗坐在自己的脚边等待，接着饲主带狗狗前进一步后马上停下，然后再让狗狗坐下等待。重复多次之后，狗狗就会跟着饲主移动了。

## 如何解决狗狗不断拉扯牵绳的问题

**狗狗在散步时不断地拉扯牵绳，表示狗狗正处于非常兴奋的状态，这可能与狗狗原本的性格有关，或是因为运动不足所造成。**

### 散步途中顺便让狗狗运动

平常带狗狗外出散步时，可顺便前往公园和狗狗玩扔球游戏，利用运动纾解它的压力，并记得在散步途中随时练习“跟着走”的指令。

## 如何解决狗狗因为好奇而拉扯牵绳的问题

**狗狗在散步时一直低头向前走，或是看到会动的东西就想追上去，这都是因为狗狗的好奇心或本能在作祟，最好平常就训练狗狗经常看着饲主。**

### 制止狗狗前进并让它坐下

当狗狗对某样东西很感兴趣并一直向前拉扯时，饲主应确实制止狗狗前进，并在呼唤狗狗的名字后做彼此的眼神接触，再指示狗狗坐下，让狗狗冷静下来。等狗狗稳定之后，马上给予零食奖励。

## 如何解决狗狗在路上乱捡东西吃的问题

**狗狗会在路上乱捡东西吃，已经不只是守不守规矩的问题，而是很可能吃到有毒的东西，因此饲主务必要确实训练狗狗不能随意吃路上的东西。**

❶先在地面上放好狗粮

将狗狗爱吃的食物，事先放在地面上。

❷牵绳制止狗狗

牵着狗狗经过放食物的地方，在狗狗想要去吃的时候轻拉牵绳制止它。

❸重复练习

重复❶～❷的步骤，当狗狗能够无视那些食物继续往前走时，用手喂给狗狗零食作为奖励。

## 如何解决狗狗在散步途中定住不动的问题

**狗狗在散步途中突然出现不肯移动的情况，原因可能是任性、疲倦，或是看到害怕的东西，这种情况下饲主切忌用力拉扯牵绳强迫狗狗移动。**

利用牵绳传达信号

狗狗停住不动时，饲主可轻拉牵绳，告诉狗狗现在应该往前走了，若狗狗还是不肯移动，则向后转身，等到狗狗愿意走为止。

抱起狗狗

若狗狗是因为害怕而吓得不敢动时，则将狗狗抱起，改走别的道路。

让狗狗喜欢上散步

利用散步结束后，给予狗狗奖励的方式，让狗狗喜欢上散步。

问题行为5 独自在家时

## 狗狗天性不喜欢独处，因此要慢慢让它习惯

狗狗被单独留在家中时会出现不断狂吠、破坏家中物品或是到处尿尿等问题，原因大多是狗狗感到孤单寂寞。

对原本是群居动物的狗狗来说，单独留在家里会让它感到很不安。为了减少狗狗的不安感，必须从行为教育着手，在彼此之间重新建立起良好的信赖关系，并让狗狗逐渐习惯独自在家的感觉。若能事先准备好可以让它忘却寂寞的玩具或是其他物品，对化解狗狗的不安也很有效果。

### 饲主长时间不在家时

若狗狗超过一天以上的时间都没有人陪它，不论是什么样的狗狗都会感到极度焦虑不安。这种情况下绝不是只要在家中为它准备好狗粮和饮水就可以了，饲主务必要将狗狗寄宿在宠物旅馆或委托他人代为照顾。

### 狗狗可能患有心理上的疾病

若狗狗独自在家时所出现的问题行为太过严重，表示狗狗可能已经患有心理上的疾病，此时除了行为训练外，必要时还需要加上药物治疗。因此，饲主一旦发现狗狗独自在家时的行为太过激烈，例如不断狂吠，应尽快带狗狗至动物医院就诊。

## 如何解决狗狗独自在家的行为问题

**虽然狗狗独自在家时可能出现的行为问题有很多种，但基本处理的大原则就是笼内训练（P.24），并让狗狗习惯独自在家（P.30）。**

### 让狗狗习惯独处的感觉

平常就训练狗狗独自待在运输笼或狗屋内一段时间，让它习惯独处的感觉，即使狗狗发出吠叫也不予理会。

### 假装要出门的样子

若狗狗看到饲主换衣服或拿起钥匙等外出的动作时会感到不安，饲主平常在家的时候也可以重复做出这些动作，让狗狗习惯。

### 播放音乐、打开收音机或电视

可播放饲主平常听的音乐、打开收音机或电视，营造出和饲主在家时一样的环境。

问题行为❻ 如厕问题

## 重新检视狗狗的生活环境并再次进行如厕训练

狗狗总是搞不清楚自己该上厕所的地方，或是在错误的地方如厕，这个时候饲主应该重新对狗狗进行基本如厕训练，同时检视狗狗的生活环境，让狗狗更容易记住厕所的位置。

在狗狗看起来准备要尿尿的时候，饲主可以呼唤狗狗的名字，转移它的注意力后，再将狗狗带到厕所如厕。切忌在狗狗尿尿的时候大声斥责它，避免狗狗以为“上厕所=坏事”，而养成憋尿的习惯。

### 容易学会定点如厕的环境

当狗狗一直出现随意大小便的问题时，饲主应将厕所和生活空间确实分开，将厕所安排在一个安静的角落，同时可将已经沾有尿液的尿布垫放在该处，狗狗会因为闻到尿味而比较容易记住厕所的位置。

放养的狗狗较不容易学会定点如厕

### 标记行为的处理对策

标记行为（marking）是狗狗用来标示自己势力范围的一种本能行为。狗狗会在室内做出标记行为，就表示它把家里当作自己的势力范围。此时应彻底对狗狗进行基本行为教育，建立确实的主从关系，就能改善这个问题。若饲主看到狗狗正准备做出标记行为时，可呼唤狗狗的名字转移它的注意力，再将狗狗带到厕所。

## 如何解决狗狗随意大小便的问题

**若狗狗因为采取家中放养的方式而一直无法学会定点如厕，可借由运输笼来进行如厕训练。**

### ❶吃完饭后让狗狗进到运输笼内

狗狗吃完饭后，让它在运输笼内待上3个小时。

### ❷带狗狗到厕所

带狗狗到用围栏围出的厕所，并在狗狗正确如厕后给予奖励。

### ❸持续练习到狗狗自己去厕所为止

重复练习❶~❷的步骤，直到狗狗离开运输笼后会自己前往厕所为止。

出笼门的前方就是厕所

## 如何解决狗狗的食粪问题

**狗狗吃便便其实并不是什么异常的行为，但因为吃便便不卫生，而且可能感染到寄生虫，因此最好还是制止这项行为。**

### 立刻清理干净

狗狗一便便就马上清理干净，防止它把便便吃掉。

### 更换狗粮

更换狗粮会让便便的味道变得不一样，狗狗可能因此而不再吃它。

### 不要大惊小怪

发现狗狗吃便便时不要大惊小怪，以免狗狗因为受到注意感到开心而变本加厉。

# 问题行为7 与其他狗狗的关系

## 循序渐进地让爱犬习惯其他狗狗的存在

狗狗在面对其他狗狗时，会出现恐惧、兴奋过度，或是吠叫、低吼等攻击性的态度，这都是因为社会化不足而导致的问题行为。虽然这种问题在狗狗进入成犬时期之后不太容易矫正，但若能每天循序渐进地让它习惯其他狗狗的存在，大部分的案例都还是可以改善的。

若自己的狗狗不擅与其他狗狗相处，饲主务必要记得帮狗狗系上牵绳，并随时注意狗狗的动作，以免发生意外。

### 寄养训练效果也不错

将狗狗寄养在训练师那里一段时间并进行训练，能让狗狗通过团体生活学习到与其他狗狗相处的基本规矩。若饲主无法花费太多时间在狗狗的社会化训练上，建议选择此种训练方式，可达到不错的训练效果。

### 要以先饲养者为优先

当家中所饲养的狗狗数量增加时，饲主须注意狗狗之间的优先顺位。排除掉狗狗之间体格上的差异，原则上饲主应以原先饲养的狗狗为优先，喂饭时也先喂给原来的狗狗。若饲主能明确地区分狗狗的顺位，狗狗们也会遵循这种优先级，可防止狗狗之间出现争夺主导权的情形发生。

# 如何解决狗狗之间的相处问题

**要解决狗狗之间的相处问题，基本之道在于强化狗狗的社会化教育。而在那之前则要视狗狗之间相处的状况，让狗狗学会保持冷静。**

### 避开其他的狗狗

若狗狗在遇到其他狗狗时出现的是吠叫、低吼等攻击性的态度，饲主应轻拉牵绳，将狗狗带离现场，远离其他的狗狗。

### 利用指令让狗狗冷静下来

当爱犬遇到其他狗狗时出现的是极度兴奋的态度，饲主应拉扯牵绳提醒狗狗看向自己，并指示狗狗坐下或趴下，若狗狗能冷静下来就给予奖励。

### 相隔一段距离让狗狗慢慢习惯

当爱犬对其他狗狗感到害怕时，应避免用强迫的手段逼迫狗狗靠近它们，一开始可先隔开一段距离看着，让爱犬慢慢习惯其他狗狗的存在。

## 问题行为❽ 饮食

### 狗狗的饮食生活是健康状况的首要指标

当狗狗突然不愿意吃平常吃的食物时，首先要怀疑的就是健康状况是否出了问题。饲主应确认狗狗是否出现呕吐等异常情况，必要时带狗狗到动物医院接受检查。若非健康上的问题，那么狗狗很可能是因为挑食而变得不吃饭，此时就必须利用行为教育来矫正挑食的问题。

此外，人类的部分食物中含有对狗狗有害的食材或调味料，不论狗狗怎么撒娇乞求，饲主都不应喂给狗狗。

### 狗狗喜欢乱咬东西时

当狗狗喜欢乱咬桌脚、椅脚或是拖鞋等物品时，可利用市面上贩卖的防止狗狗乱咬的宠物禁区喷剂喷洒在物品上，来改善这个问题，并给予狗狗其他耐咬的玩具。

### 进行防止误食的训练

为了防止狗狗误食不该吃的东西，务必要对狗狗进行防止捡食或偷吃的训练。此外，本书P.83所介绍的“放下”训练，也可以让狗狗将嘴里含着的东西吐出来。

## 如何解决狗狗不吃饭的问题

**狗狗明明没生病却变得不想吃饭，其原因几乎都是挑食。而饲主要做的，就是教导狗狗挑食就没有饭吃。**

### 不要勉强喂食

当狗狗因为挑食而爱吃不吃时，饲主不可响应狗狗的要求，而是直接将食物拿走，并在一个小时左右后再喂一次。狗狗即使一天都没吃饭也不会有什么问题。

## 如何解决狗狗偷吃餐桌上食物的问题

**只要喂给狗狗一次餐桌上的食物，狗狗就会认为那些食物是它可以吃的东西，因此不论狗狗多么想吃饲主都不可以喂它。**

### 用餐时让狗狗进入运输笼内

家人用餐时，让狗狗进入运输笼内是最根本的解决方法，即使狗狗为了食物而在笼内发出吠叫也不能理它。

### 在适当的时机阻止狗狗

若狗狗不愿意进运输笼，而且还把前脚搭在餐桌上时，饲主应确实地发出“不行！”的口令来制止狗狗，绝不可让狗狗成功偷吃到餐桌上的食物。

# 对狗狗无害的家庭清洁用品

饲养狗狗之后，家里会更需要清洁打扫，但许多人工合成的清洁剂并不适合用在有狗狗的环境里；因此，本书特别在此介绍几种对人与狗狗健康无害的自然配方清洁用品。

## 小苏打

可用于清理狗狗的尿液。将狗狗的尿液擦拭干净后，撒上小苏打粉，再用吸尘器吸干净。

## 醋

将谷物醋用水稀释两倍后放入喷雾瓶中，可用来喷洒有异味的地方，具有消臭和杀菌的作用。

## 橘子皮

用熬煮过橘子皮的水来擦地板，可将地板擦得闪闪发光，最适合用来清洁沾到狗狗口水的木质地板。

## 工作手套

防滑用的工作手套非常适合用来清理地毯上的狗毛，先戴着手套快速抹过地毯表面，接着再以逆毛方向擦拭地毯，就可以将地毯上的大量狗毛清理干净。

## 盐

针对窗户上沾到的狗狗的口水，可拿拧干的湿毛巾沾上盐巴后擦拭清理。

## 面粉与牛奶

将面粉与等量的牛奶搅拌在一起代替去污剂，能有效清除各式各样的脏污。

哈嗒~
哎呀，好久不见。
对啊。
嗯？洛基你是不是变帅了啊？
哦~
真的吗？
有一种威风凛凛的感觉哦~❤
谢谢你的赞美。
端端正正
玛丽，你还是如此美丽。
闪闪动人呢~

是吗？
虽然我早就知道了♥
对了，你有空吗？
要不要一起去散个步啊？
我知道有个公园不错哦~
嗯~
我想一下~
总觉得玛丽最近的味道特别浓郁呢~
嗅~
嗅~
讨厌！
没水平！低级！
不是，我不是那个意思……
哼！
垂头丧气

洛基啊……
玛丽现在正处于发情期哦。
原来如此。
I ♥ DOG
进入发情期的雌犬都会这样。
毛色会变得光滑亮丽。
然后一直觉得烦躁不安。
烦躁不安
还会变得不想吃饭。
……
Mary
所以一定要细心温柔地对待它哟。
谢谢，爷爷。

洛基，你什么时候跑去吉田爷爷家的！
哦！
你们家的洛基，
是跑来找我们家玛丽一起玩的。
玛丽~来玩嘛~
哎呀？
它们两个感情很不错嘛！
要喝水吗？
……
心痒难耐
玛丽，我喜欢你！
扑上！
你已经做好受死的觉悟了吧！
啪叽
咚咔
我不是跟你说细心温柔嘛……
笨蛋！

# 狗狗的发情期

## 狗狗在发情期容易出现很多问题行为

狗狗在六个月大之后会开始进入性成熟期，不论公母，都开始“发情”。

狗狗在发情期会因为性欲而产生反抗性的态度，并导致各式各样的问题行为发生。

若饲主不打算让狗狗繁衍后代，让狗狗进行结扎或绝育手术是最佳的选择。而针对未进行结扎或绝育手术的狗狗，饲主应善尽管理责任，不要让爱犬给其他狗狗带来麻烦。

## 雌犬的发情期特征

雌犬一年发情两次，发情期的到来与季节无关，每次约持续三个星期。进入发情期的第十天时，狗狗会开始出血并且进入可受孕状态，同时还会散发出荷尔蒙吸引雄犬。这个时期狗狗身体的抵抗力会变弱而容易感染疾病，饲主务必要多加注意狗狗的健康状况。

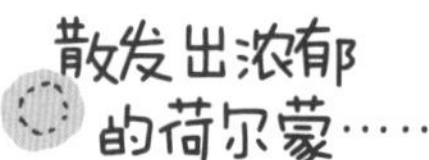

## 雄犬的发情期特征

雄犬并没有固定的发情期，是受到雌犬荷尔蒙的刺激才会出现发情反应。发情时的雄犬会受强烈的性欲所驱使，变得不听从饲主的话，有时还会与其他的雄犬打架。

## 雌犬发情时

**尽量避免引起雄犬的发情，并注意狗狗的出血情况与健康管理。**

### 让狗狗在室内运动

为了不引起雄犬发情，以及防止泥土等脏污造成狗狗臀部细菌感染，应尽量避免带狗狗外出散步。

### 注意环境卫生

当狗狗出血量较多时，可帮狗狗穿上专用的纸尿裤，保持家中环境和狗狗本身的清洁卫生。

## 雄犬发情时

**雄犬发情时，饲主很难控制它的行动，尤其是大型犬，它们的力量特别强劲，必须格外注意。而随着雄犬性成熟后越来越频繁的标记行为，也必须加以解决。**

### 别让狗狗靠近发情期的雌犬

由于雄犬发情时的行动很难控制，甚至可能会激烈反抗，因此，最好的方法就是尽量远离发情期的雌犬。

### 制止狗狗的标记行为与骑乘行为

一旦看到狗狗停下来准备标记地盘时，要马上将狗狗带走，而狗狗出现骑乘行为时也要马上将它推开。

# 结扎与绝育

## 防止问题行为与疾病发生，还能使情绪稳定

针对狗狗发情时所造成的困扰，结扎与绝育手术是防患于未然的最佳方法。除了可减少雄犬标记行为与骑乘行为，更能有效防止雄犬的前列腺肥大和疝气，以及雌犬的子宫蓄脓症和乳腺炎等疾病发生。

再者，绝育后的狗狗其攻击性和领域性会降低，情绪上也会更加稳定。

### 手术的费用

手术费用为280~680元，雌犬卵巢及子宫切除术费用为500~1200元，部分地方政府会提供手术补助金，请到所在地政府或街道、村委会咨询。

### 何时动手术

理想的结扎或绝育手术时间，是在狗狗6个月龄～9个月龄之间进行，可减少狗狗伴随着性成熟而出现的问题行为。狗狗9个月大之后当然也能进行手术，但年纪越大全身麻醉可能造成的身体负担就越大，因此还是建议尽早进行。

结扎后的雄犬可能会变得肥胖……

## 配合狗狗的身体变化给予适当的护理

狗狗的怀孕期约为9周，从受精卵着床后的第4周起，狗狗会开始出现食欲下降、体重增加等变化。

到第7周时，狗狗的腹部会膨大，饲主务必要小心不能碰撞或挤压到狗狗的腹部。到了第9周快要分娩时，饲主可准备一个大小约为狗狗体型两倍的纸箱作为产房，并在里面铺上撕碎的报纸后放在家中安静的角落。最好先准备好毛巾等生产用品，这样在狗狗生产时才不会手忙脚乱。



### 怀孕期间的饮食

狗狗在怀孕前期（5～6周以前）的饮食，可比照平常的方式一天喂食两餐。进入怀孕后期之后，以两周的时间渐渐将食物转换成怀孕期专用狗粮。而为了避免压迫胃部，应减少每餐的喂食量，改以少量多餐的方式，每天喂食3～4餐。

### 狗狗的产前检查

在交配后第4周左右，饲主可带狗狗到动物医院，让宠物医生以超声波或触诊来检查狗狗是否成功受孕。之后则依照兽医指示，在狗狗怀孕期间仔细看护，同时还要与宠物医生保持联系，以便在发生紧急状况时能及时处理。

# 狗狗之间的关系

**由于狗狗是一种会聚集成群、共同生活的群居动物，因此它们会积极地与其他狗狗建立关系，同时还拥有服从的本能，会遵从群体生活中各式各样的规则。**

## 服从领导者

在狗狗的群体中都会存在着一个领导者，而其他狗狗则是服从领导者而行动。这种上下关系，主要是通过经验和知识所形成的信赖关系来决定的，因此，饲养多只狗狗的家庭，狗狗间通常会以最早饲养的狗狗为领导者。

## 性别会影响关系

一般而言，雄犬之间会比较容易发生争斗，而雌犬之间或雄犬与雌犬之间则感情比较好。而已经施行过结扎或绝育手术的狗狗，则因为性别特征减少且变得比较不像成犬，彼此间大多不会发生争吵。

### 嗅闻臀部=打招呼

狗狗们会借由嗅闻彼此肛门腺发出的味道来探查对方的状态，可算是一种狗狗间打招呼的方式。

### 利用尿液的味道来辨别对方

狗狗的尿液里含有荷尔蒙，通过嗅闻尿液的味道，狗狗可以了解对方的性别、年龄、体型大小等信息。

### 通过骑乘行为表示自己的地位

狗狗的骑乘行为除了与交配有关之外，也有彰显自己的优势地位以及防止无谓的争斗等意义。若是两只狗狗的表情都很稳定，则表示它们彼此之间只是在玩耍而已。

# 第4章　狗狗的饮食与照顾

如何选择合适的狗粮、

自制鲜食或添加食物的诀窍、日常护理的流程……

都是守护狗狗健康的基本技能。

玛丽♥
洛基♥
奇怪？洛基你最近是不是变胖了啊？
什么!!
已经变得钻不过来了……
我变胖了吗？我变胖了吗？
汪汪汪汪？
汪汪汪汪？
这个时候就要无视。
啊！我忘了不能用叫的。
呜~~
呜~~
呜~~
呜~~
咦？怎么了吗？

刚刚不是才喂过饭了？
我不是要说这个啦……
笨主人——
你要不要再仔细看一下洛基啊！
居然从那里钻出来……
吉田先生。
曲线分明
它的腰身已经不见了哦。
圆滚滚
胖子！
!!
胖嘟嘟～
油滋滋～

看样子是吃得太多了。
圆滚滚
因为我增加了它的狗粮量啊。
增量中
洛基
因为洛基已经越变越大了。
幼犬时期
洛基
完全成为成犬了
洛基
那有在它的食物中另外加什么料吗？
加料？
就是在饲料上另外添加有益健康的食物啊。
好香哦。

※紫花苜蓿：豆科多年生草本植物，或称“苜蓿”，原本作为牧草，近年来则以芽菜的形式（苜蓿芽）在市面上销售。

# 狗粮与饮水

## 综合配方狗粮可作为狗狗的主食

市售的狗粮一般都有标明属于“综合营养狗粮”，也就是说，只要提供给狗狗这种狗粮以及饮水，狗狗就能健康地生活。

狗粮中的营养成分会针对狗狗的成长阶段而进行调整，因此，饲主在选购狗粮时须配合狗狗的年龄选择适合的狗粮。

## 随时提供新鲜的饮水

水对狗狗而言非常重要，虽然可提供狗狗常温的自来水，但饲主必须勤于换水，狗狗才能随时喝到新鲜的饮水。若担心自来水里所含的氯，可先将水煮沸，放冷后再给狗狗喝。

※ 日本的自来水可直接饮用。

## 狗粮的保存方法

· 干式狗粮（干粮）

狗粮开封之后，将空气挤出狗粮袋后封好保存在阴凉场所，保存期限约一个月。

· 湿式狗粮（罐装狗粮）

开封后最好当次食用完毕，若未吃完，则应将食物移到密封容器后放在冰箱内冷藏保存，并在2～3天内吃完。

## 如何选择狗狗的狗粮

**购买狗狗的狗粮时，首先要仔细确认包装袋上的说明文字，之后再购买。**

### 认明是否符合美国狗粮管理协会（AAFCO）标准

AAFCO针对美国的宠物食品制定了一套规范，而狗粮上若有标明“符合AAFCO标准”，就表示这种狗粮可以让狗狗安心食用。

※如果没有经过AAFCO直接认证，不可标明为“AAFCO认证”。

### 配合狗狗成长阶段的建议喂食量与喂食次数表

检查包装袋上面所标明的不同年龄、体重的建议喂食量与喂食次数。若是作为零食，通常也会标明每天可喂食的最高建议量，喂食前一定要事先确认。

### 有效期限

购买前应检查狗粮有效期限，若过了有效期限，狗粮的营养价值可能会降低。

### 狗粮的种类

若是作为主食，则应该购买含有均衡营养的“综合营养狗粮”；若是作为零食的话，则可选择标明“零食”“一般食品”“副食品”的宠物食品；若标示为“其他目的食品”，则属于营养补充品。**（此为日本国内之宠物食品标示内容，我国出售的宠物食品虽无此类标示，但建议饲主仍应选择正常来源的品牌。）**

# 对狗狗有危险性的食物

## 避免让狗狗吃到可能造成中毒的食物

虽然狗狗属于肉类和蔬菜都可以吃的杂食性动物，但并不代表它们什么东西都可以吃。有些食物若吃进体内，很可能会影响身体健康或是造成中毒，所以饲主千万要小心，严格把关，别让狗狗不小心把这些食物吃下去。

## 狗狗是否需要盐分

一般人认为，为了不给肾脏造成负担，最好不要喂给狗狗有盐分的食物。实际上，狗狗若能摄取到适量的盐分，可以使它更加活力充沛。

只要没有摄入过多的盐分，多余的盐分会从尿液中排出，对健康并不会造成影响，但一定要让狗狗摄取充足的水分。而人类食物中所含的盐分对狗狗而言都太多了，因此应避免喂给狗狗人类的食物。

## 是否可以喂狗狗喝牛奶

富含营养的牛奶，很容易让人觉得是一种有益狗狗健康的食物。但其实狗狗体内并不能将牛奶中所含的乳糖完全分解，有可能因此而造成狗狗下痢，所以最好不要给狗狗喝牛奶。若想要补充营养，可购买市售的狗狗专用奶。

## 不能让狗狗吃到的东西

**尽管下列食物在吃到少量时可能对狗狗的身体不会造成什么影响，但狗狗若不小心吃下去时，饲主最好还是立刻向宠物医生咨询。**

### 葱蒜类

洋葱、葱、韭菜、大蒜等食物，里面含有会破坏狗狗红血球的成分，狗狗吃掉会造成贫血，即使加热过也是一样。

### 甲壳类

章鱼、乌贼、螃蟹、虾子等甲壳类食物，由于不好消化，可能会造成狗狗下痢。

### 糖果、零食

糖果或点心可能造成狗狗肥胖，巧克力可能会让狗狗休克，甚至死亡，木糖醇（Xylitol）可能会造成低血糖，而含有咖啡因的饮料以及酒精类饮料更可能造成狗狗中毒。

### 生肉（猪肉）、生蛋、骨头

生猪肉或生鱼可能会有寄生虫，经常吃生鸡蛋则可能导致狗狗患上皮肤病，而鸡骨头或鱼骨则有刺伤狗狗消化道的危险。

# 配合成长阶段的饮食

## 根据成长阶段、季节以及运动量来调整狗狗的饮食

狗狗在不同年龄的成长速度与营养需求并不相同，因此，狗狗的喂食量、喂食次数与食物内容，也必须配合不同的成长阶段加以调整。若狗狗是以狗粮为主食，则参考狗粮包装上的建议方式喂食即可。

若喂给狗狗的是自制鲜食的话，可参考市售狗粮的建议量，并配合狗狗的身体状况，喂给狗狗健康的饮食。

## 夏季食欲减退时的饮食

配合季节调整狗狗的饮食也是很重要的环节。狗狗是一种很怕热的动物，每当夏天常常会有食欲减退的现象。这个时候饲主可改喂分量少但仍可摄取到足够营养的市售高热量狗粮，或是能帮助消化的食物。

此外，狗狗的饮水在天气热时很容易就变成温水，饲主应经常更换，让水温保持清凉，有助于降低狗狗的体温。

## 运动量与饮食的关系

如果狗狗的运动量比较大，可增加肉类或鱼肉等蛋白质来源食物的分量，有助于肌肉的生长，而含有维生素B的肝脏或猪肉，因为可帮助蛋白质的代谢，也是不错的食物选择。不过，若喂食过多肝脏类的食物可能会造成狗狗脱毛，饲主须特别注意。

## 不同成长阶段的喂食方式

**狗狗的成长速度会依照犬种或个体差异而有所不同，饲主可观察狗狗的体重变化等发育情况来调整狗狗的饮食。**

### 幼犬

幼犬期是狗狗成长速度最快的时期，必须让狗狗摄取到足够的热量，但又因为它们的胃部较小，因此一次不能喂食过多，通常出生后3个月左右的小狗狗一天须喂食4次，6个月左右的狗狗则可一天喂食3次。

### 成犬

成犬期是狗狗最活泼、最爱活动的时期，可依照狗狗的体重并参考狗粮包装上所建议的喂食量来进行调整。即使是自制鲜食也可以参考狗粮包装上的建议量（P.142）。成犬通常一天喂食两餐。

### 高龄犬

虽然有犬种差异，不过一般7～10岁以上就可算是高龄犬。由于狗狗的活动量变得很低，若与年轻时喂的分量相同，很容易让狗狗肥胖。通常一天喂食1～2餐，可减少狗粮的分量，并多喂一些蔬菜、水果，让狗狗能摄取到较多的维生素。

## 良好的健康管理才能防止狗狗肥胖

和人类一样，狗狗肥胖也会导致身体出现各式各样的健康问题，一个负责任的饲主，应切实管理好狗狗的身体健康状况，以免狗狗过于肥胖。

肥胖的主要原因是运动不足与过量饮食，有时生活不规律也是原因之一。

### 造成身体肥胖的原因

除了运动不足与过量饮食之外，下列原因也可能造成狗狗身体肥胖。

· 饲主的生活不规律

若饲主本身很少运动，生活形态也很不规律的话，那狗狗过得当然也是运动不足和不规律的生活，自然容易造成身体肥胖。

· 属于体质易胖的犬种

有些犬种拥有容易肥胖的体质，例如拉布拉多、米格鲁小猎犬、腊肠犬等。

### 肥胖可能导致的疾病

身体肥胖的狗狗，比较容易罹患动脉硬化、糖尿病、高血压、关节炎、皮肤病等疾病。此外，进行手术时由于比较不容易麻醉成功，导致手术风险也比较高。

## 狗狗肥胖的判断标准

**判断狗狗是否肥胖，并非通过体重，而是从体型上加以判断。有些狗狗的体重虽重，但只要它的骨骼和肌肉够发达，就不会影响身体健康。**

### 腰部的曲线

若从狗狗的身体上方往下看时看不到腰身，就表示有肥胖的现象。

### 触摸肋骨

轻压狗狗的侧腹部，若感觉不到肋骨，也表示爱犬是只胖狗狗。

### 触摸脊椎骨

抚摸狗狗的背部时，若感觉不到脊椎骨，一样是狗狗肥胖的迹象。

## 如何帮狗狗减肥

**减肥的基本原则就是饮食控制与增加运动量，不过若是进行得太过激烈，可能会有害身体健康，因此必须要循序渐进地慢慢改变。**

### 饮食控制

减肥时不能只是单纯减少食物的分量，而是应该改喂有饱足感但低热量的食物。此外，在狗粮中添加含有丰富食物纤维且能促进排便的胡萝卜或牛蒡等蔬菜，对减重也很有帮助。

### 增加运动量

虽然增加散步的频率是最基本的做法，但若是突然剧烈运动，反而有可能会伤害到身体。若住家附近有狗狗游泳池，可常常带狗狗去游泳，不会对关节造成太大负担。

# 自制鲜食的基本技巧

## 自制鲜食可以配合狗狗的身体状况调整饮食

虽然手工的自制鲜食必须花费比较多的工夫准备，但它的魅力就在于能够配合狗狗的身体状况来调整食物的内容。此外，以干狗粮为主食容易出现的水分摄取不足问题，若是改以自制鲜食则可以有效预防。

## 准备均衡的饮食

准备鲜食时，要避免只有肉类或只有白饭等营养单一的喂食方式。

不过也不需要太过仔细地计算每种食物的营养价值和分量，只要能均衡地准备P.141所介绍的三大类基本食材，就能够给狗狗提供均衡的营养。

## 转换成自制鲜食

若原本的主食是狗粮而想要转换为鲜食时，即使马上改变也不会有什么问题。虽然狗狗的肠胃可能会因为一时不习惯而出现下痢，但通常马上就会恢复正常。若饲主真的担心下痢问题，或是狗狗比较喜欢吃狗粮，可利用一个月的时间，慢慢增加狗粮中鲜食的比例，还可利用蔬菜来代替平常喂食的狗零食，就可以顺利转换为自制鲜食了。

## 自制鲜食的食材

**食材主要分为谷类（碳水化合物）、肉类和蔬菜三大类，以同等比例准备这三种食物给狗狗即可。**

谷物类（碳水化合物）

白米（若能使用糙米更好）、面类、杂粮、地瓜等。

肉类

除了鸡肉、牛肉、猪肉之外，还包括各种鱼肉、乳制品、蛋类等。

蔬菜类

胡萝卜、南瓜等黄绿色蔬菜，黄豆和黄豆制品，菌菇类，海藻类等。

其他

若要用油烹调时，最好使用橄榄油等植物油。此外，也可添加柴鱼片、小鱼干等增加食物的风味。

**若能在一餐中均匀给予各类食材当然是最为理想，不过只要平均一整天都有均衡摄取到这三类食物就没关系。**

食谱1 基本食谱与减肥食谱

## 可轻松制作完成的杂菜粥是自制鲜食的基本做法

自制鲜食的基本料理法就是杂菜粥，以均衡的比例将谷物类、肉类和蔬菜类放入一起烹调，只要变更食材，就能提供狗狗丰富的菜色变化。

## 自制鲜食的分量

自制鲜食的喂食分量，可参考之前喂食狗粮时的分量。也就是将所有鲜食的材料（包括谷物类、肉类和蔬菜类）以等比例的分量相加之后，约等于之前狗粮的喂食量即可。

自制鲜食的喂食量与狗粮相同

## 可帮助减肥的食材

针对肥胖的狗狗，可喂食胡萝卜、牛蒡、南瓜等含有丰富食物纤维的蔬菜或是低热量的豆腐，对减肥很有帮助。

而鲜食中的谷物类则建议使用糙米，至于肉类则可选择鸡胸肉、鸡胗、鳕鱼或鲑鱼等低热量的食物。

## 基本食谱<杂菜粥>

**杂菜粥可配合狗狗的身体状况随时变化食材，是非常容易制作的食物。**

**材料**

白饭、鸡肉、胡萝卜／南瓜／花椰菜等蔬菜、柴鱼片（少量）、麻油。

**做法**

❶ 将蔬菜、鸡肉切成一口大小。
❷ 将材料放入锅内并加水盖过后，开始加热。
❸ 等所有材料煮熟后放凉。
❹ 食物冷却后，上面淋上麻油和少许柴鱼片。

## 减肥食谱<鲑鱼糙米粥>

**低热量的鲑鱼、豆腐、糙米以及大量蔬菜的食谱，其中鲑鱼也可用鳕鱼代替。**

**材料**

糙米饭、鲑鱼、马铃薯、白菜、白萝卜、胡萝卜、豆腐、麻油。

**做法**

❶ 将所有蔬菜切碎。
❷ 将蔬菜和糙米饭放入锅内并加水盖过后，开始加热。
❸ 鲑鱼切成一口大小，放入另一个锅中煮熟。
❹ 将②和③的食物连同汤汁一同盛入器皿内，放凉之后加入切成一口大小的豆腐。

# 食谱❷ 预防心脏病与解毒食谱

## 清血脂和排毒是狗狗健康的基础

心脏病是狗狗的主要死因之一。饲主若能在平常就为爱犬准备可以清血脂的饮食，就能够减轻狗狗心脏的负担。

此外，有些食物具有利尿的效果，能促进排毒，减轻肾脏和肝脏的负担，对维持身体健康也很有帮助。

## 预防心脏病的食物

有些鱼类因为富含具有清血脂作用的omega-3脂肪酸，因此对预防心脏病很有效，例如：鲔鱼、鲣鱼或鲑鱼，就很适合狗狗。而亚麻籽油中含有丰富的omega-3脂肪酸，其他像是蘑菇等菌菇类、低脂肪的肝脏、羊栖菜或海带等海藻类，则具有强心和调节血液成分的作用，都很适合添加在狗狗的食物中。

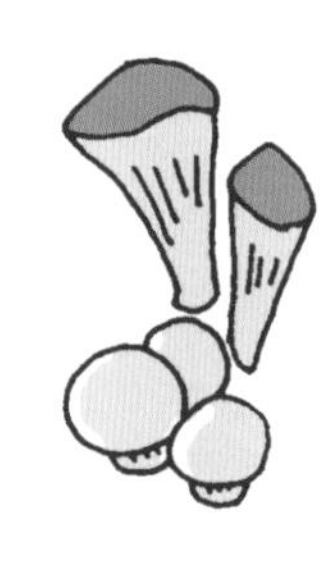

## 促进排毒的食物

食物纤维对于促进排毒很有功效，除了南瓜等各种蔬菜之外，魔芋也是不错的选择。而小黄瓜和白萝卜则具有利尿的作用，也是很棒的排毒食物。

为了不对肝脏和肾脏造成负担，在为狗狗准备食物时，可选择豆腐或鱼肉等脂肪含量低、蛋白质含量高的食物。

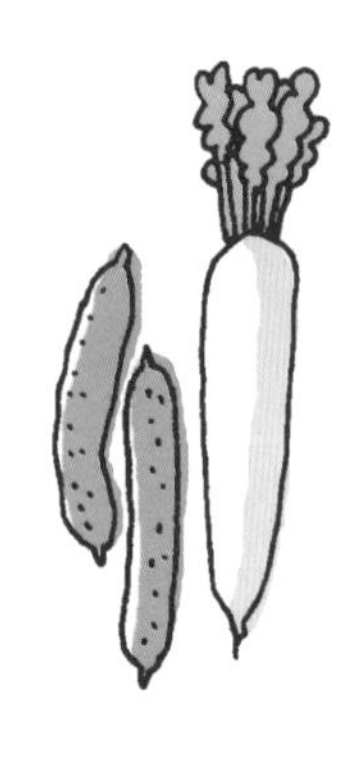

## 清血脂食谱<鲣鱼海带粥>

**本食谱使用了富含omega-3脂肪酸的鲣鱼和可调节体内钾离子平衡的海带，其中鲣鱼也可用脂肪含量更低的鳕鱼代替。**

**材料**

白饭、鲣鱼、鸡肝、白萝卜、胡萝卜、海带、麻油。

**做法**

❶ 将海带用水泡开。
❷ 将蔬菜和海带切碎，和白饭一同放入锅，加水盖过后熬煮。
❸ 把鲣鱼和鸡肝切成一口大小，放入另一个锅中煮熟。
❹ 将②和③的食材连同汤汁一同盛入碗，放凉后加入麻油。

## 促进排毒的食谱<鲈鱼南瓜粥>

**含有优良蛋白质的鲈鱼以及富含食物纤维的南瓜，再用具有整肠效果的味增加以调味。**

**材料**

白饭、鲈鱼、南瓜、油菜、鸡肝、味增、磨碎的芝麻。

**做法**

❶ 将南瓜切成小方块，油菜切碎，和白饭一起放入锅中，加水盖过后炖煮。
❷ 将鲈鱼和鸡肝切成一口大小，放入另一个锅中煮熟。
❸ 将①和②的食材连同汤汁一同盛入碗内，放凉之后加入味增和碎芝麻。

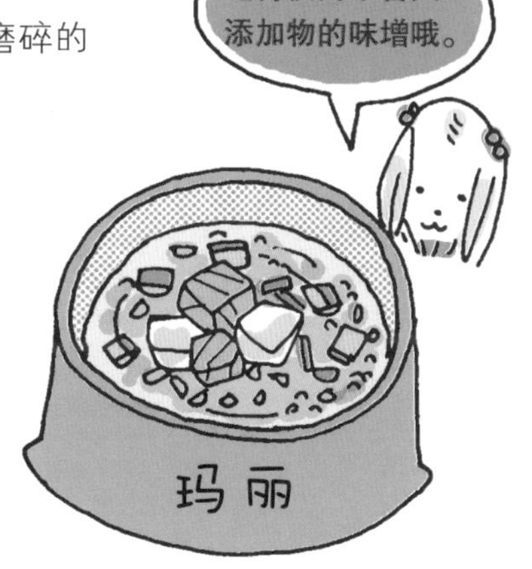

# 在狗狗的食物中加料

## 在狗粮中额外加料，轻松完成健康的饮食

若饲主觉得自制鲜食太费工夫，但又想帮狗狗准备有益健康的食物，最简单的方法就是在狗狗的狗粮中额外加料。

只需花费一些工夫准备简单的食物，添加在狗狗平常吃的狗粮中，就能够让狗狗吃到营养均衡的食物。

通过这种加料方式，除了可以让狗狗摄取到一般狗粮中所没有的营养成分，还能够配合不同狗狗的身体健康状况来选择适合的食物。

## 加料食物的分量

将平常所吃的狗粮分量减少为原来的四分之三，而剩下的四分之一就由加料食物来补足，并可将烹煮加料食物时的汤汁一同加入狗粮内，刚好可解决狗狗吃干狗粮时容易发生的水分摄取不足问题。

## 注意食物的温度

烹煮加料食物时，务必要将食物放凉到用手碰触也不觉得烫的温度后，再加入狗狗的狗粮中，否则过热的温度可能会破坏狗粮中的营养成分。

## 加料食物的基本材料

**加料食物的目的，是补充狗狗只吃狗粮时容易摄取不足的营养，若能以下列三种要素作为加料食物的基本，就可达到加料的理想目的。**

### 水分

狗狗的干狗粮中所含的水分极少，利用天然的食材或汤汁添加在狗粮中，能够让狗狗摄取到足够的水分。

### 排毒

这一类含有食物纤维、黏蛋白（mucin）、牛磺酸等成分的食物具有极佳的排毒效果。

### 酵素

含有大量酵素的生菜、水果以及纳豆之类的发酵食品，能帮助狗狗维持良好的体力。

## 如何帮狗狗准备加料食物

**在准备加料食物时，并非将加料食物直接置于狗粮之上，还需要在烹饪技巧上下一番功夫，让狗狗更容易摄取这些食物的营养。**

### 将食物切碎

准备加料食物时，最好将食物切碎，尤其是蔬菜类的食材，切碎后狗狗才更容易消化与吸收其中的营养和水分。也可以将食材磨成泥或煮到软烂。

### 将狗粮泡软

利用烹煮加料食物的汤汁（要放凉后再加入）将狗粮泡软后再拿给狗狗吃，也有助于食物的消化与吸收。

## 加料配方❶ 提高免疫力与防寒配方

### 提高免疫力和保持身体温暖可以增进狗狗的健康

癌症是狗狗的疾病中最让人担心的一种，为了预防癌症发生，可让狗狗吃一些能提升免疫力以及具有抗癌作用的食物。

能够温暖身体的食物对提升免疫力也很有帮助，尤其可预防肾脏方面的疾病。

### 提升免疫力的食物

拥有抗癌效果与排毒作用的菌菇类食物，不只能提高狗狗的免疫力，对控制体重也很有成效。而花椰菜与芝麻等食物则拥有很强的抗氧化作用，都很适合添加在狗狗的狗粮中。只要将花椰菜煮5分钟，既不会破坏里面的营养成分，对狗狗而言也很容易消化。

### 温暖身体的食物

温暖身体的食物能促进狗狗的血液循环，因此也有助于提升免疫力。

将牛蒡或莲藕等根茎类的蔬菜磨成泥后加热，或是煮熟的鸡肉或羊肉，都属于此类食物。

## 提升免疫力的加料配方<菌菇类>

**加了多种菌菇类的加料配方，只使用一种也没问题，不过在添加菇类时，请注意不要让狗狗吃到可能有毒的野生菌菇。**

**材料**

各种菌菇类（蘑菇、杏鲍菇等）。

**做法**

❶ 将菇类切碎。
❷ 将切碎的菇类放入锅内加水盖过后，开火加热。
❸ 等菇类煮熟后，关火，放凉。
❹ 将菇类连同汤汁一起淋在狗粮上，等狗粮泡软后喂给狗狗。

## 温暖身体的加料配方<牛蒡与白萝卜>

**牛蒡和白萝卜属于根茎类的蔬菜，只要将它们磨成泥后放在狗粮上即可，是一种非常简单的加料配方，也可以改用芜菁或莲藕等蔬菜。**

**材料**

牛蒡、白萝卜。

**做法**

❶ 将牛蒡洗干净后，连皮一起磨成泥。
❷ 将①放入锅内开火加热约1分钟。
❸ 将白萝卜磨成泥。
❹ 等②放凉后，连同萝卜泥一同淋在狗粮上。

# 加料配方❷ 整肠与抗暑配方

## 改善肠胃问题以及夏日倦怠现象

诸如下痢、便秘等问题，狗狗的肠胃问题可说是出乎意料地多，若只是出现轻微的症状，可在平常吃的狗粮中添加一些整肠健胃的配方，应可改善狗狗的肠胃问题。

此外，狗狗是一种很怕热的动物，若能在夏天时让狗狗吃一些清凉抗暑的食物，并从天然的食物中补充水分，对改善狗狗在夏天时容易出现的倦怠现象很有帮助。

## 整肠健胃的食物

狗狗的肠胃状况会变差，通常是因为宿便所造成的肠内环境恶化。利用魔芋、海带等富含食物纤维的食物来清除宿便，就能有效改善狗狗的肠内环境。

此外，苹果拥有良好的整肠效果，也很适合喂给狗狗吃。

## 清凉抗暑的食物

番茄、苦瓜、莴苣、豆腐（凉拌豆腐）等食物，具有清凉解热的功效。

## 具有整肠功效的加料配方<魔芋与海带>

**在狗粮中添加含有丰富食物纤维的魔芋与海带，能改善狗狗的肠内环境。**

材料

魔芋、海带、白萝卜。

做法

❶ 将海带用水泡开。
❷ 把魔芋、海带切碎，并将白萝卜磨成萝卜泥。
❸ 将②加到狗粮中。



## 有效抗暑的加料配方<苦瓜与番茄>

**将具有清凉解热功能的苦瓜与番茄组合在一起食用，具有抗氧化的功效。**

材料

苦瓜、番茄、柴鱼片、橄榄油。

做法

❶ 苦瓜去籽后切成薄片，再用橄榄油稍微炒过。
❷ 将苦瓜放凉，并与切丁的番茄、柴鱼片一起加到狗粮中。

## 喂太多零食会导致狗狗摄取过多的热量

零食是训练狗狗时不可或缺的奖励品，但有不少零食的热量都颇高，狗狗若吃得太多可能会影响身体的健康。

为了提供狗狗更健康的饮食生活，一起来试试手工制作狗狗的零食吧。

## 零食的基本喂食量

狗狗一整天的进食量应尽量固定，也就是说，若当天饲主有喂狗狗吃零食，那么当天狗粮的喂食量就应该减去已喂零食的分量。若是直接将狗粮作为零食，那么最简单的方法就是事先从每天喂食的狗粮量中，分出一些作为零食。

## 健康的蔬菜水果零食

如果饲主担心狗狗摄取过多的热量，可改喂蔬菜或水果等天然风味的零食。

除了可以直接将蔬菜、水果作为零食之外，也可以将它们稍微加工处理，制作成可长期保存又低热量的健康零食。

## 手工零食<干燥蔬菜>

**只要将蔬菜切成薄片再用烤箱烤过之后，就能轻松做出低热量的零食。除了蔬菜之外，也可以用水果制作。**

**材料**

胡萝卜、南瓜、地瓜等蔬菜。

**做法**

❶将蔬菜切成薄片。
❷放入120℃的烤箱中烘烤约30分钟，将蔬菜中的水分烤干。

## 手工零食<手工肉干>

**虽然肉干的热量较高，但亲自制作可以更放心地喂给狗狗，而且做法简单狗狗又很喜欢。**

**材料**

牛肉片、猪肉片、鸡胸肉、鲑鱼等。

**做法**

❶将鸡胸肉用保鲜膜包起来后，用擀面杖擀成薄片状。鲑鱼则切成薄片。
❷将食材放入150℃的烤箱中烘烤约20分钟，烘烤期间须视情况适时翻面。
❸烘烤过后立刻用菜刀将肉干切成小块。

4 狗狗的饮食与照顾

# 可直接喂食的天然风味零食

**只要利用家中原有的食物，就可以轻松制作出低热量且营养价值高的狗狗零食。蔬菜可直接生吃或煮熟，记得在喂食前将它们切成小块，方便狗狗进食。**

### 胡萝卜

胡萝卜含有丰富的β胡萝卜素，能提升狗狗的免疫力，可以将它切成一口大小或是磨成泥后喂给狗狗吃。

### 白萝卜

白萝卜对胃很好而且热量又低，可以将它切成一口大小或是磨成泥后喂给狗狗吃。

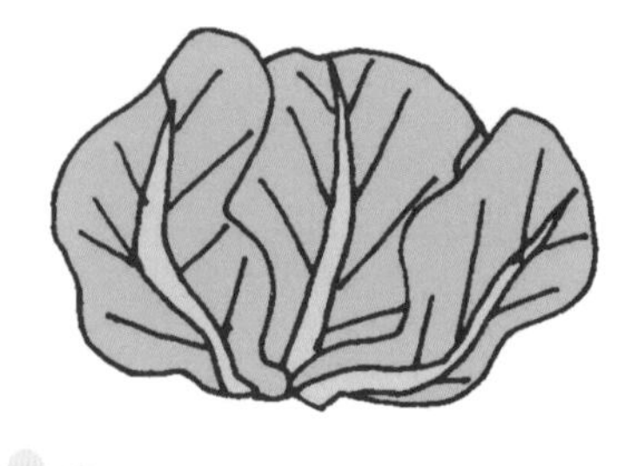

### 地瓜

香甜的地瓜含有丰富的维生素与食物纤维，最好先切成小块方便狗狗进食。

### 卷心菜

卷心菜既爽脆又能增加饱腹感，且富含能提升免疫力的维生素C，但维生素C会因为加热而流失，因此最好生吃。

### 香蕉

香蕉含有丰富的营养，不过因为热量较高，且有些狗狗会对香蕉过敏，因此最好不要一次喂食太多。

### 苹果

恰到好处的爽脆感是狗狗的最爱，苹果泥还可防止狗狗下痢和便秘。

### 西瓜

西瓜含有大量水分，可以促进狗狗排尿。喂食前应将西瓜籽去掉并切成一口大小，方便狗狗进食。

### 橘子

橘子含有丰富的维生素C，但因为口味偏酸，并不是所有狗狗都喜欢。

吉田先生~
出来买东西啊?
洛基看起来瘦了不少哟。
还好啦~
嘿嘿
好像变帅了哦❤
脸红
不过,这是什么味道?
闻
闻
闻
闻
闻
闻
什么?
什么?
你身上……
好臭哦!!
除臭剂
除臭剂
咻
咻
咻
怎么这样~

洛基最近有洗澡吗？
真是的，不准你来我家了啦！
哼~
因为它很讨厌洗澡啊……
垂头丧气……
啊
洗澡时的景象……
讨厌！
哇啊~~
不要甩啦！
可是如果不帮它洗澡的话……
后果可就惨了……
皮肤病
体臭
跳蚤
细菌繁殖
虱子

那我们该怎么办才好咧？
人家真的很讨厌洗澡嘛！
那么，
首先要让它习惯碰水。
I ♥ DOG
一开始先使用蘸湿的海绵。
只要擦脚就可以了。
嗯？好像很舒服呢。
接着把狗狗的脚放进装了水的脸盆里。
习惯之后，让狗狗进到水不深的浴缸内。
洗的时候从脚开始。
嗯～洗澡还蛮舒服的嘛！

嗯～
那边正
觉得痒
呢～
洛基已经
爱上洗澡
了呢。
对啊～
洗完澡
真舒服
啊～
洛基闻起
来好香哦！
太棒了！
不错
吧！
不过……
总觉得还
有个臭
味……
闻
闻闻
好像是这边……
闻
闻
闻
闻
啊！
抱歉，
抱歉……
毒气外泄
是爸爸！
没水平！
……

# 帮狗狗洗澡

## 定期帮狗狗洗澡才能保持毛发和皮肤的健康

洗澡是保持狗狗毛发和皮肤健康不可或缺的重要护理工作，而且也能防止皮肤疾病的发生。

为了不对狗狗的皮肤造成负担，在10分钟内快速洗完最好。

### 洗澡的基本事项

- 洗澡的频率

  2～4个星期帮狗狗洗一次澡即可。

- 洗澡前先梳毛

  洗澡前先将狗狗身上打结的毛球梳掉，可以洗得更干净。

- 洗澡水的温度

  适宜温度为30℃～38℃。

- 用毛巾和吹风机帮狗狗擦干身体

  洗完澡后务必用毛巾擦干水分，再用吹风机将狗狗的毛发吹干。

### 狗狗讨厌吹风机时

首先拿着吹风机给狗狗看，同时喂狗狗吃零食，让它觉得“吹风机＝好事”。

接着让狗狗一边听着吹风机的声音一边拿零食给它吃，并在关掉吹风机后马上停止喂零食。重复多次让狗狗习惯吹风机的声音。

最后直接将吹风机打开对着狗狗，一边吹风一边给予零食，并在关掉吹风机后停止喂食。重复多次这种训练之后，狗狗就会习惯吹风机了。

## 洗澡的步骤

**了解帮狗狗洗澡的正确顺序，就可以细心又迅速地帮狗狗洗个澡哟。**

❶塞住耳朵

为了避免水进到狗狗的耳朵内，可先在耳朵塞上棉花球，或者只用湿毛巾擦脸。

❷从下半身开始冲水

帮狗狗冲热水时，以脚→身体→脸部的顺序冲水，并将莲蓬头尽量靠近狗狗的身体，避免水冲进狗狗耳朵或鼻子内。

❸涂抹洗毛精

将洗毛精搓出泡沫，用指腹以按摩的方式帮狗狗搓洗全身，并记得清洗容易堆积污垢的趾间和尾巴下方，肛门周围和脸部则要温柔细心地清洗。

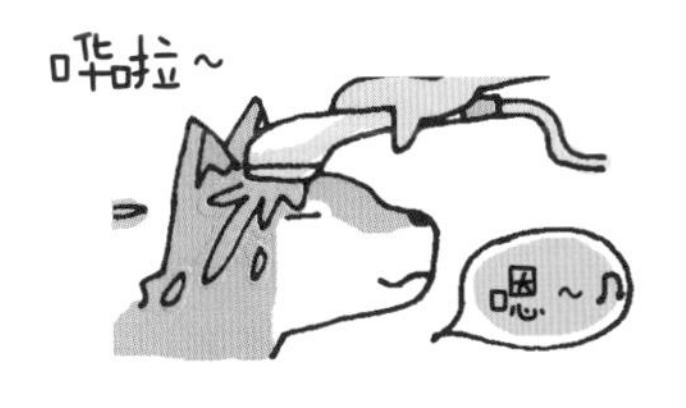


❹从脸部开始冲掉泡沫

搓洗完毕后，以脸部→身体→脚→尾巴的顺序将泡沫冲掉，同样要将莲蓬头尽量靠近狗狗的身体，温和地将泡沫冲净。

❺用毛巾擦拭身体

拿掉耳塞，并用毛巾仔细地将全身尽量擦干。

❻吹干身体

一边使用梳子梳开毛发，一边用吹风机从毛根处将毛发吹干。为了避免狗狗受凉，吹风时要迅速从身体开始吹干毛发。

## 配合毛发类型勤加梳理
## 保持毛发清洁

帮狗狗梳毛除了可以把脏污和脱落的毛发清除掉之外，还具有防止毛发打结、清理毛球，以及预防皮肤病发生的效果。加上梳毛时还能够顺便按摩狗狗的身体，若梳理方法正确，狗狗甚至可因此获得放松纾压的感觉。所以，为了狗狗毛发的健康与清洁，请记得配合狗狗毛发的类型，正确地帮狗狗梳毛。

### 狗狗毛发的类型

狗狗毛发的类型有很多种，即使是相同的犬种也可能会有不同类型的毛发，饲主在梳毛时，必须配合狗狗毛发的类型加以梳理。

· 短毛型

短毛型的狗狗毛发又短又硬，非常便于梳理，不过在换毛期（主要在春季和秋季）会大量脱毛。

· 长毛型

长毛型的狗狗毛发因为很容易打结，因此必须每日梳理。

· 刚毛型

刚毛型的狗狗毛发就像铁丝一样又粗又硬，必须使用排梳等工具将脱落的废毛梳理干净。

· 卷毛型

卷毛型的狗狗脱落的狗毛很容易缠在一起，务必要每日帮它们梳毛。

## 梳毛的步骤

**帮狗狗梳毛的诀窍，就是利用配合狗狗毛发类型的梳毛工具，以温和流畅的移动方式慢慢将毛发梳开。**

### 短毛型

先以热毛巾热敷促进狗狗的血液循环，再用鬃毛梳梳理狗狗全身的毛发。

鬃毛梳

### 长毛型

利用椭圆针梳，沿着脚→身体→脸部的顺序梳毛，最后再用宽齿的排梳将打结的毛发梳开。

排梳　椭圆针梳

### 刚毛型

先用橡胶梳以按摩的方式梳毛，再用排梳顺着毛的方向梳理，最后使用鬃毛梳。

橡胶梳

鬃毛梳　排梳

### 卷毛型

依照脚→腹部→背部→头部→耳朵的顺序，使用软性针梳梳理毛发。针对耳朵等肌肤较为脆弱的部位，则要温柔地梳理，不要让针梳的尖端刺到皮肤。

软性针梳

# 刷牙与清理耳朵

## 为了预防牙周病 务必要帮狗狗刷牙

在狗狗的健康问题中，牙周病的比例是超乎想象的高，若不加以治疗，有时甚至会演变成需要动手术的严重状况。若饲主在每餐后都能帮狗狗刷牙，就能够预防这种情况发生。

狗狗的耳朵若不定期清理，有可能因为细菌繁殖而造成中耳炎或内耳炎。为了避免这种情况发生，饲主至少每个星期要帮狗狗清理一次耳朵。

## 让狗狗习惯刷牙

为了让狗狗习惯刷牙，一开始可先用花生酱或芝士酱等狗狗爱吃的食物代替牙膏涂在牙刷上，再将牙刷伸进狗狗的嘴里，如果狗狗能接受的话，就试着轻轻地移动牙刷。等狗狗渐渐习惯之后，再换成狗狗专用的牙膏开始帮狗狗刷牙。

## 牙周病的症状

当狗狗的嘴巴发出和平常不一样的强烈口臭时，就有可能是罹患了牙周病，必须尽快带去动物医院接受治疗。若不及时加以治疗，有可能导致牙齿不稳固而无法进食。此外，口臭也可能是其他的疾病所造成，饲主必须多加注意。

## 刷牙的步骤

**和人类刷牙的方式一样，可分为贝氏刷牙法（左右移动）和旋转式刷牙法（上下移动）两种方式。**

犬齿（獠牙状的牙齿）

利用旋转式刷牙法刷洗牙齿根部，将食物残渣和牙垢刷干净。

臼齿

同时使用贝氏刷牙法和旋转式刷牙法，仔细将残留在牙缝和牙齿上的齿垢及食物残渣刷干净。



## 清理耳朵的步骤

**用棉花球或面纸蘸满狗狗专用的清耳液后清洁狗狗的耳朵，不要使用棉花棒，因为它可能会在狗狗突然乱动的时候刺伤耳朵，非常危险。**

将耳朵的污垢擦拭干净

用蘸满清耳液的棉花球轻柔地擦拭狗狗的耳朵，将污垢擦除。

清除耳道的污垢

轻柔地擦拭耳道周围，将耳道的污垢清除干净，但不需要伸进耳道的深处。

# 剪趾甲与其他护理

## 狗狗的趾甲若长得太长<br>可能会刺进肉垫里

狗狗的趾甲若生长得太长，趾甲里面的血管也会跟着变长，导致剪趾甲变得更加困难。因此，饲主应在血管还未长长之前，每个月帮狗狗修剪趾甲1～2次。

其他的身体护理包括散步后的擦脚、清除眼屎等保持身体清洁的工作，让狗狗和饲主能共同生活在干净整洁的空间中。

## 剪趾甲的工具

狗狗的趾甲剪可分为套入式趾甲剪和钳式趾甲剪两种类型，其中比较建议使用套入式趾甲剪，因为它不用花很大的力气就可以把趾甲剪得很平整。剪完趾甲之后，最好再用锉刀将趾甲切面磨平整，以免抓伤别人。

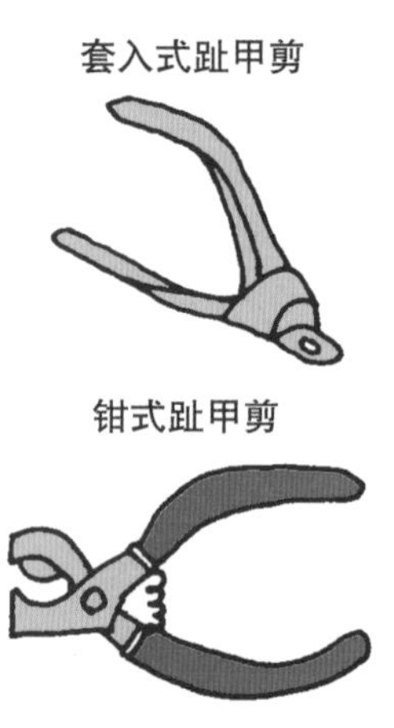


## 委托专业人员帮狗狗护理

狗狗的日常护理中，有些工作委托给专业人员会比自己做来得更加安心，例如修剪毛发、挤肛门腺、清除跳蚤或壁虱等。虽然也可以由饲主自己处理，但定期委托专业人员帮狗狗护理其实更为方便轻松。

## 剪趾甲的步骤

**帮狗狗剪趾甲的诀窍，就是找出趾甲的血管位置，避免剪得太深。而黑色趾甲的狗狗因为血管位置不容易分辨，剪趾甲时要一点一点地剪短。**

### ❶捏住趾甲

用手指捏着狗狗的肉垫和趾甲根部，固定住趾甲。

### ❷将趾甲剪靠近趾甲

将趾甲剪的刃口朝上，在还没打开的情况下靠近狗狗的趾甲。

### ❸修剪趾甲

根据趾甲的粗细打开趾甲剪的刃口套入趾甲，修剪时避免剪到趾甲内的血管。

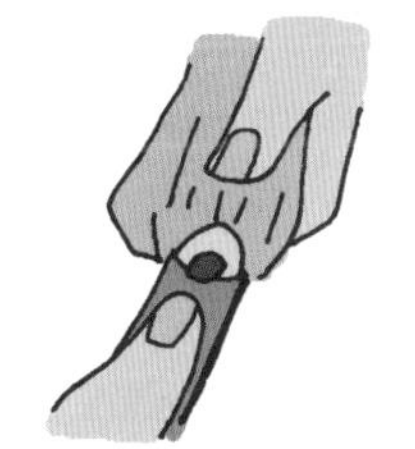

### ❹将切口磨平

剪完趾甲后，用锉刀将趾甲上尖锐的地方磨平，让趾甲边缘呈现圆弧形。

## 其他护理

**为了保持清洁卫生，散步后的擦脚以及清除眼屎等，都是狗狗日常护理工作不可或缺的一环。**

### 散步后的擦脚

将湿毛巾喷上狗狗专用的除菌喷雾，从狗狗脚底的肉垫到趾间依序将污垢擦拭干净，最后再用干毛巾擦干。

### 清除眼屎

用蘸湿温水的棉花轻轻压住狗狗的眼角，等眼屎被温水泡软后再轻轻将眼屎擦掉，并在清干净后用干棉花将水分擦干。

# 帮狗狗全身按摩

**按摩除了可以改善狗狗身体的健康状态，还能够通过抚摸加深饲主与狗狗之间的感情，更进一步稳定狗狗的情绪，对改善行为问题也大有帮助。**

**颈部按摩**

以手指将狗狗颈部的皮肤轻轻向上拉起。

**背部按摩**

以手指尖好像要夹住脊椎骨一般，沿着脊椎骨两侧从脖子开始一路往尾巴部位搓揉按摩。

### 腿部按摩

用手握住狗狗的腿部，从腿根开始轻轻揉捏，并顺势一路揉捏到脚底，特别适合经常运动的狗狗。

### 肩膀按摩

用食指到小指四根手指头轻柔地按压狗狗肩胛骨的凹处，可以放松运动后的肌肉。

### 腹部按摩

用两手指尖，轻压狗狗的腹部，可以帮助调理狗狗的肠胃，按摩时记得不要按压到狗狗的肋骨部位。

# 第5章　狗狗的健康与高龄生活

为了常保狗狗健康，饲主必须勤加观察狗狗的

健康状态。而随着狗狗的年龄增长，

它们的生活形态也会渐渐发生改变。

啊啾
洛基在打喷嚏～
啊哈哈!!
好好笑哦～
说不定是玛丽在说你的坏话哦。
啊啾 啊啾 啊啾啾
奇怪，洛基怎么一直打喷嚏打个不停啊？
这么说来，它晚饭也没吃完……
没错!
带它去动物医院吧!
GO!!
洛基
动物医院

5
狗狗的健康与高龄生活

话说回来……幸好你们发现得早。
类似这些其他症状也要多加注意哦。
走路的样子变得很奇怪。
摇摇晃晃
发出口臭。
好臭！
大便水水的。
平常的样子
在地上磨屁股。
磨来磨去
我们会注意它的。
实在是太让我感动了！
I DOG
咦？
你们已经建立信赖关系了。
之前明明养狗养得那么随便。
拭泪

能彼此信赖是狗狗和人类之间最理想的关系了。
有你在我们身边真好。
洛基♪
后来
嗯~嗯。
又来了！怎么了吗？
没事吧？
嗯~嗯~
啊!!
妈妈！蛋糕不见啦！
难道是洛基?!
偷偷摸摸
臭狗！
我就是想吃嘛——
信赖关系荡然无存……

# 检查狗狗的健康状态

## 不要忽略狗狗不舒服的征兆

当狗狗的健康状况出现问题时，通常都会有可观察到的异常现象出现。饲主平日要多加观察狗狗的食欲或毛皮的光泽等健康状态，才不会忽略狗狗生病的征兆。

## 从便便观察狗狗的健康状态

便便是了解狗狗目前健康状态的重要指标，便便的颜色、形状、气味，以及一天排便的次数都是观察的重点。健康的狗便便通常呈现表面微湿的香蕉形状，若喂给狗狗蔬菜类等含有较多食物纤维的食物，则便便会比较硬。若是给狗狗吃下酸奶之类具有整肠作用的食物，便便就可能会变得比较软。当狗狗出现软便或便秘等现象时，表示肠胃等消化器官可能出现问题，若是更换了食物之后仍不见改善，最好询问一下宠物医生的意见。

## 从尿液观察狗狗的健康状态

尿液也同样是狗狗健康状态的指标，尿液的颜色、尿量、排尿次数、气味等都是观察的重点。而漏尿现象有时可能是因为疾病所引起，饲主也必须特别注意。健康的尿液通常是淡黄色的，若尿量比平常要少，且尿味特别浓，可能是因为狗狗摄取的水分不足。

## 狗狗的健康检查表

**利用本表所列出的检查事项仔细观察狗狗，不要忽略狗狗“与平常不一样的地方”。**

### 眼睛

- □眼白是否有充血现象
- □ 眼白是否发黄
- □ 黑眼珠是否变得混浊发白
- □ 眼睛是否肿胀
- □ 是否有发痒现象

### 耳朵

- □ 耳朵内的颜色是否与平常相同
- □ 耳朵是否发臭
- □ 耳垢是否增加
- □ 耳朵是否肿胀
- □ 是否有发痒现象

### 鼻子

- □ 鼻头是否干燥
- □ 是否有流鼻水的现象
- □ 有无咳嗽、打喷嚏的情形

### 嘴巴

- □ 是否有严重口臭
- □ 舌头是否有干燥现象
- □ 牙龈与舌头的颜色是否与平常相同
- □ 牙龈是否肿胀

### 身体

- □是否出现体重急剧增减的现象
- □ 是否一直舔舐身体
- □ 是否有皮屑或发臭现象

### 毛发

- □毛发是否失去光泽
- □ 掉毛是否增加
- □ 是否存在脱毛现象

### 腹部

- □腋下等部位是否有皮肤发炎的现象
- □ 是否有哪里出现异常肿胀的情形
- □ 是否有发热现象

### 臀部

- □是否有肿胀现象
- □ 是否发出异样的臭味
- □ 是否流血或排出分泌物

# 疾病的征兆

## 特别注意狗狗是否表现出和平常不一样的样子

当狗狗生病时，会出现各种不同的症状。因此，饲主务必要格外注意狗狗是否有表现出和平常不一样的样子，一旦发现异状应尽快带至动物医院检查。

### 磨屁股

当狗狗做出在地面磨屁股的动作时，表示它可能有肛门腺发炎或寄生虫感染的现象。

### 搔痒

当狗狗用脚搔抓或用嘴巴啃咬身体时，可能与细菌感染、过敏、压力、寄生虫、皮肤对洗毛精敏感有关。

### 跛行

当狗狗走路一跛一跛时，可能是外伤或是骨骼、肌肉、神经出现问题，饲主一开始可先确认脚底或肉垫有无受伤。

### 身体摇摇晃晃

狗狗走路时若出现身体摇摇晃晃的现象，有可能是神经方面的问题，必须尽快带到动物医院接受诊察。

## 舔舐阴部

不论是雄犬或是雌犬，平常都会有舔舐阴部的行为，若是有一些湿疹或化脓也属于正常现象。

若狗狗阴部的颜色异常，或是出现大量分泌物或脓汁，表示阴部可能有发炎现象，必须特别注意。

## 抽搐

当狗狗出现抽搐现象时，由于它们很可能已经失去意识，饲主此时若随便靠近它们可能会有危险，最好等平稳下来之后再尽快将狗狗带到动物医院。

狗狗抽搐的原因包括癫痫发作、中暑、外伤或精神性休克等，不论是哪种原因，都必须和宠物医生咨询相关的处理方法。

## 下痢、便秘

当狗狗出现下痢或便秘的现象时，若精神和食欲仍然正常，那么通常只要改善饮食就能解决。

若是伴随着精神或食欲变差、出血、粪便颜色异常等其他症状时，就有可能是肠炎、过敏或其他脏器发生问题。

## 体重急剧变化

狗狗突然变瘦或变胖时，有可能是肝脏方面的疾病、肿瘤、糖尿病、寄生虫感染等原因所造成，最好尽快带去动物医院检查。

## 呕吐

呕吐除了可能是吃太多、晕车、吞食异物等一时性的原因之外，也有可能是内脏方面的疾病所造成。

若是一时性的，只要狗狗还有食欲，通常不会有什么问题。但若是持续性的呕吐，就必须将狗狗带到动物医院接受诊疗。

## 出现大量皮屑

狗狗身上若出现大量皮屑，有可能是因为压力、干燥、皮肤病或皮肤对洗毛精敏感等原因所造成。

若伴随着皮肤发炎的现象，则必须带到动物医院接受治疗。

# 在动物医院接受诊疗

## 事先找好可信赖的动物医院以备不时之需

当饲主觉得狗狗似乎怪怪的，或是发现什么异常情形时，应尽快寻求宠物医生的专业意见（也可以先通过电话咨询）。

为了避免紧急状况发生时无法立即处理，饲主最好事先找好愿意提供意见、说明简洁明了的动物医院，以备不时之需。

## 如何选择动物医院

饲主在选择动物医院时，最好寻找一家设备齐全、人手充足的动物医院，这样的医院能提供详细而完善的诊察服务。

此外，饲主有时候可能会对宠物医生的诊察结果心存疑问或是无法接受，因此可以另寻一家动物医院，作为寻求第二意见之用。

而为了更加放心，最好事先在自家附近寻找24小时营业的动物医院，以作为紧急时的急救医院。

## 就医时的注意事项

带狗狗到动物医院接受诊疗时，饲主必须绑好狗狗，将牵绳拉短，并从后方固定住狗狗的腰部或臀部，以免狗狗从诊疗台上摔落或是在医师诊疗时胡乱挣扎。

## 给药方法

**饲主应事先熟练各种药物的给药方法。**

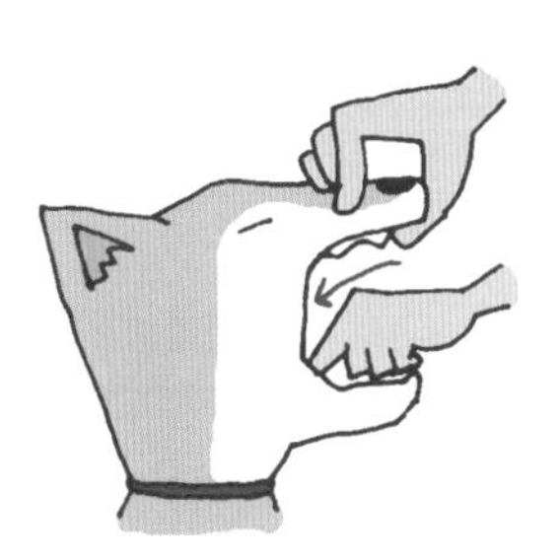

### 药丸

❶ 将狗狗的上腭往上抬，张开狗狗的嘴巴。
❷ 尽可能快速地将药丸塞到嘴巴最深处。
❸ 将嘴巴闭上，并让狗狗的鼻子朝上。

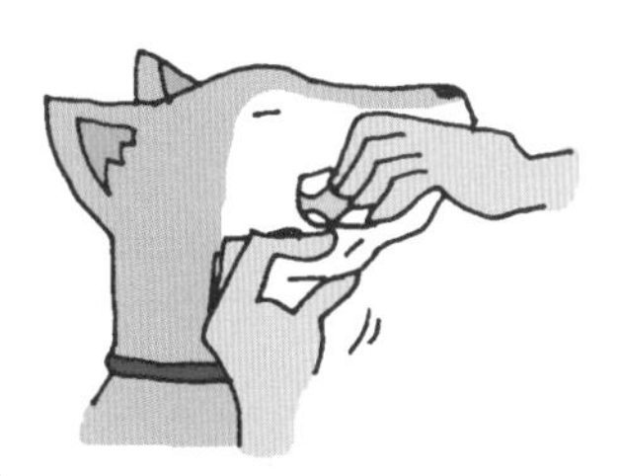

### 药粉

❶ 在狗狗嘴巴合起的情况下，将狗狗的脸颊往外拉。
❷ 将药粉倒入脸颊与牙齿间的空隙。
❸ 揉捏狗狗的脸颊，让药粉和唾液混合在一起。

### 药水

❶ 将狗狗的鼻头向上抬，固定狗狗的嘴巴。
❷ 利用滴管从狗狗犬齿后方的位置将药水挤入。
❸ 维持鼻头朝上的姿势一段时间，让狗狗将药水吃下。

### 眼药

❶ 用单手固定狗狗的嘴。
❷ 另一手拿着眼药，从狗狗头部的后方靠近眼睛。
❸ 用手轻轻拉开狗狗的眼皮，将眼药水滴入，并小心不要让药瓶的尖端碰触到眼睛。

# 狗狗老化的征兆

## 配合狗狗年龄增长<br>给予适当的照护与关怀

狗狗和人类一样，随着年龄增加，体力与精神状况都会渐渐衰退。从饲主的角度来看或许会感到寂寞不舍，但这也表示狗狗即将进入生涯的成熟期，我们要从旁给予足够的关怀，让它们能度过舒适的高龄阶段。

为了避免狗狗因为生病而身体机能衰退，饲主平常就需要在狗狗的饮食和运动方面多加注意，才能让狗狗拥有更健康的高龄生活。

### 狗狗老化的年龄

狗狗迈入高龄期的年龄虽然因犬种而异，但一般来说从七岁左右开始，就会渐渐开始老化。而随着年龄增加，狗狗会开始出现下页所叙述的老化征兆，饲主应判断狗狗老化的程度，给予适当的关怀与照顾，让狗狗的高龄生活过得更加舒适。

### 高龄狗狗的生活

照顾高龄狗狗的重点，就是让狗狗能过着符合它年纪的生活。例如在运动方面，可缩短散步的距离并减缓散步的速度，或是增加在室内活动的比例。

而在饮食方面，则要特别注意必须减少食物的热量，避免发生糖尿病或心脏病，同时可多给予富含维生素的食物，防止狗狗因老化而免疫力下降，其中维生素C更可预防白内障的发生。

## 狗狗的老化征兆

**一旦发现狗狗出现老化征兆，饲主就必须重新检视狗狗之前的生活形态是否需要调整，同时也要接受狗狗的改变，以关怀的心与狗狗相处。**

### 听力下降

对于别人的呼唤或外界的声音越来越没有反应。

### 脾气变差

狗狗因感官能力衰退而变得神经质和胆小，导致脾气变得暴躁易怒。

### 不想走动

由于腰腿衰弱，狗狗会变得不爱散步，或是在散步途中坐下来不肯走路。

### 排尿不顺

出现漏尿现象或是因为排尿不顺而经常做出排尿的姿势。

### 夜间嚎叫

狗狗的夜间嚎叫是高龄痴呆的典型症状之一。

# 高龄狗狗的日常照护

## 配合健康状况给予适当的照护并调整生活步调

随着狗狗的身体机能渐渐衰退，站立、行走、进食、排泄等日常活动对它们来说也会变得越来越困难，并渐渐需要有人从旁给予照护。

因此，如何在不带给饲主和狗狗过多负担的情况下给予高龄犬适当的照护，就成了饲主应该事先了解的重要课题。

## 在身体允许的情况下运动

狗狗年纪变大之后，由于体力衰退，站立、行走等简单的动作会越来越力不从心，而饲主也常常因为觉得自己的狗狗年纪大了，所以就越来越少带狗狗出去散步运动。

不过，其实运动得越少，狗狗的身体越衰弱，老化的速度也加快。虽然不可以强迫狗狗运动，但若能带狗狗进行短距离的散步，或是在家中和狗狗玩游戏，让狗狗借由适度的运动维持肌肉的力量和体力，才能够延缓老化的速度。

## 让照护工作更轻松

照顾高龄狗狗对饲主而言，其实也是一个负担不小的工作，因此，所有家庭成员应该一起分工合作，共同分担照顾狗狗的责任。此外，狗狗的夜间嚎叫有可能打乱饲主的生活步调，若这种情况太过严重，也可考虑服用安眠药帮助睡眠。

## 将狗狗抱起来的方法

**要将无法动弹的狗狗抱起来，对狗狗和人类都是一件辛苦的事，因此要利用正确的姿势抱起狗狗，才不会对彼此的身体造成负担。**

### ❶出声呼唤狗狗

在抱狗狗之前先出声呼唤狗狗的名字，以免狗狗受到惊吓。

### ❷两手从狗狗的背部下方伸入

一只手伸进臀部下方，另一只手伸进颈部下方，并伸到最里面，差不多是可分别握住前脚和后脚的程度。

### ❸将狗狗向上抱起

将狗狗靠近自己的身体向上抱起，并轻轻抓住狗狗的前、后脚，同时出声安抚它。

## 帮助狗狗站起来的方法

**对于无力自行站起来的狗狗，需要有人从旁以不对腰部造成负担的方式，帮助狗狗从趴下的姿势站起来。**

### ❶手臂从狗狗的腰部伸入

以仿佛要将狗狗的肚子撑起来的姿势，将整个前手臂伸进狗狗腰部的下方。

### ❷从狗狗的前脚之间伸进另一只手臂

将另一只手从前方伸进狗狗的前脚之间，直到露出手掌。

### ❸从前脚开始让狗狗站起来

用手臂撑住狗狗的身体，先让狗狗的前脚站起来，接着再让后脚站起来，并等狗狗站稳之后再将手放开。

## 散步时的辅助

**适当的运动比一直躺着更能锻炼狗狗腰腿的力量、防止肥胖，以及促进脑部的活性化，因此，饲主应该让狗狗在身体能接受的范围内适度地运动。**

### 无法自行站立的狗狗

先帮助狗狗站起来，再用手扶着狗狗的左、右腿，协助狗狗在室内走动，也可选择日照良好的地方，让狗狗晒晒太阳。

### 四肢无力的狗狗

可利用市售的胸背带来辅助狗狗行走，但要注意走动的距离不要太长。

**带高龄狗狗外出时，最好选择人烟和噪声稀少，且距离自家不远可步行到达的地方，才能在发现狗狗疲倦或有任何状况时马上回家。**

## 进食时的辅助

**若狗狗能够自行站立，可在狗狗进食的时候撑住狗狗的后半身，或是调整狗碗的高度，方便狗狗进食。**

### 无法自行站立的狗狗

将毛巾垫在狗狗嘴巴的下方，以汤匙等工具一点一点地喂食，并利用针筒每次少量地喂水。若狗狗不吃时，可改喂狗狗专用果冻等方便喂食的食物。

## 上厕所时的辅助

**在狗狗的附近多铺几个尿布垫，或是在狗狗平常上厕所的时间将它诱导到厕所等，替狗狗设置方便上厕所的环境。**

### 排泄时无法站立的狗狗

针对这种狗狗，饲主必须撑住它们的身体，辅助它们排尿或排便。若是雄犬，可撑住它们的大腿或腰部；若是雌犬，则撑住大腿根部附近的部位。

对于前半身无法站稳的狗狗，可让它坐下并从侧面支撑住它。

### 会漏尿的狗狗

可帮狗狗穿上专用的纸尿裤，并记得经常更换，以免皮肤发炎或起红疹。

### 无法自行排泄的狗狗

让狗狗横躺，以尿布垫包覆狗狗排尿的部位，用手直接压迫已经累积尿液而变硬的膀胱，将尿液挤出。雄犬膀胱的位置在大腿根部的前方，雌犬则在大腿根部的稍后方。

## 洗澡时的辅助

**为了不给高龄狗的身体带来太大负担，一个月洗一次澡即可，且洗澡的时间须尽量缩短。若是没有体力的狗狗，也可只洗半身澡或用毛巾擦洗。**

### 半身澡

用手臂撑住狗狗的腹部，将脚放在水盆中，用海绵清洗狗狗肛门周围的部位，并在洗完后尽快用水桶冲干净。

10年后
洛基最近整天都在睡觉呢。
上了年纪就是这样啊。
对吧?
电视在播高龄狗照护特辑耶。
啪嚓
接下来我们来听听专家的说法。
今天我们请到的是世界一流的狗狗训练师吉田金二郎先生。
大家好。
而且还是世界一流的……
这是因为压力……
不要理它!
原来他是狗狗训练师啊……
这样不行!
它吃太胖了哟……
啊……是吉田先生耶……
哇哦

就算是高龄狗也需要带它适度地散步。
I♡DOG
可帮它穿上袜子。
或利用步行辅助带。
这样会很有帮助。
I♡DOG
洛基，站起来！
不要
不要
等一下……
洛基！
轻松跳出
♪
大吃特吃
根本有精神得很嘛……
怎么会！
说不定洛基已经……
看吧~

也需要特别注意高龄痴呆。
若有这些症状的话，可能已经开始痴呆了。
I ♡ DOG
像是叫它也没有反应。
洛基~
小洛洛~
洛~基~
洛基！
随地大小便。
半夜一直嚎叫。
嗷呜~~
从刚刚的样子看来洛基应该还没痴呆吧。
完全不像嘛。
啪哩
你们安心得太早了！
咔啦
预防痴呆也是很重要的！
I ♡ DOG